ゴキブリ・マイウェイ

この生物に
秘められし謎を追う

▲ やんばるにて。朽木を割って発見した新成虫ペア。頭隠して尻隠さず

▶ このように手鍬と一緒に写真を撮り、朽木の大きさを記録する

◀ クロイワトカゲモドキ。瑞々しい中に壮健さが漂う。沖縄県指定天然記念物。絶滅危惧II類

▼ 与那川が決壊して水没した与那フィールド（琉球大学演習林）

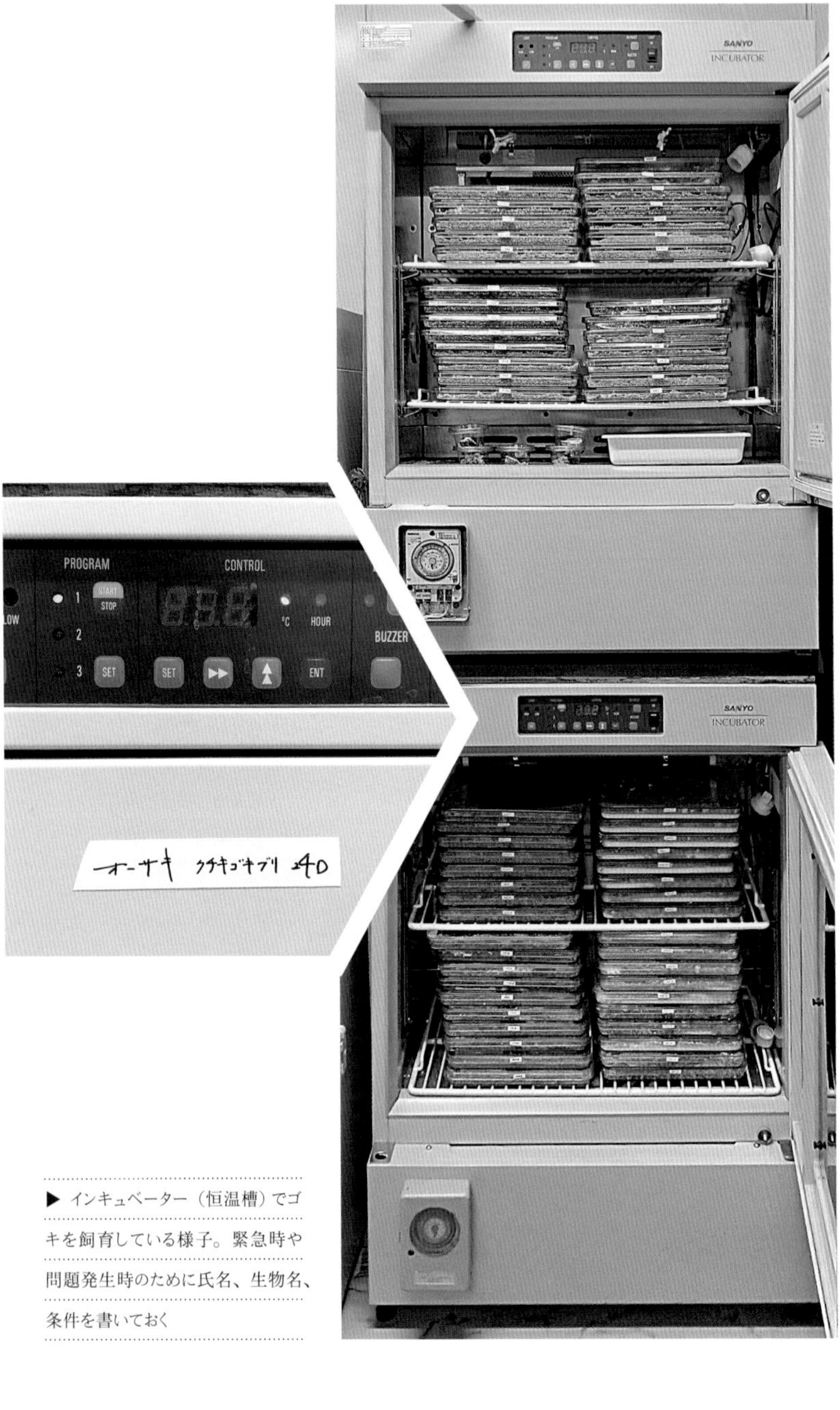

▶ インキュベーター（恒温槽）でゴキを飼育している様子。緊急時や問題発生時のために氏名、生物名、条件を書いておく

◀ 採集から帰還後は、すぐに飼育容器を整備してコロニー番号を貼る

▼飼育部屋の全貌。奥に見える黒い塊がゴキを撮影する場所

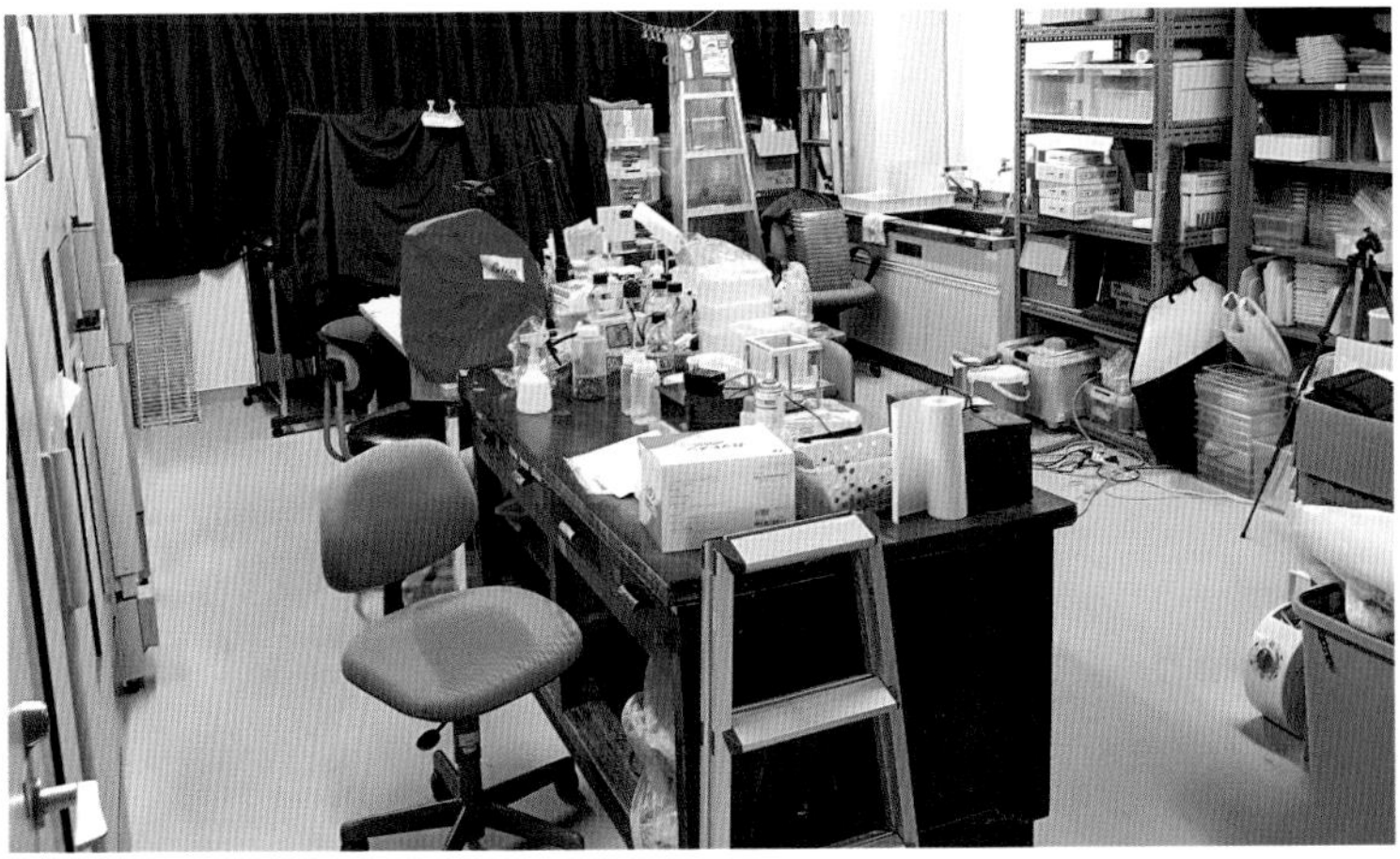

サランラップ
50m

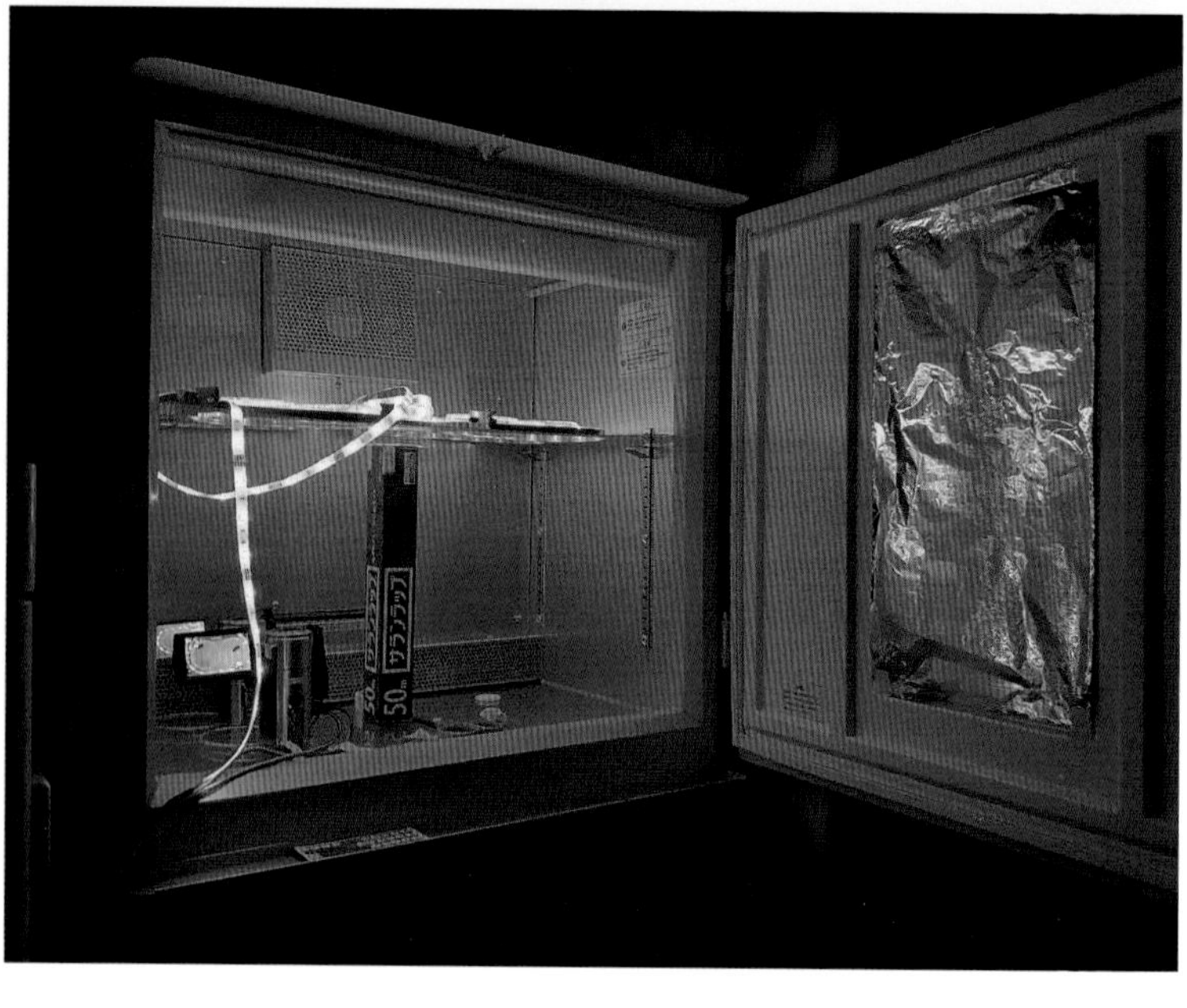

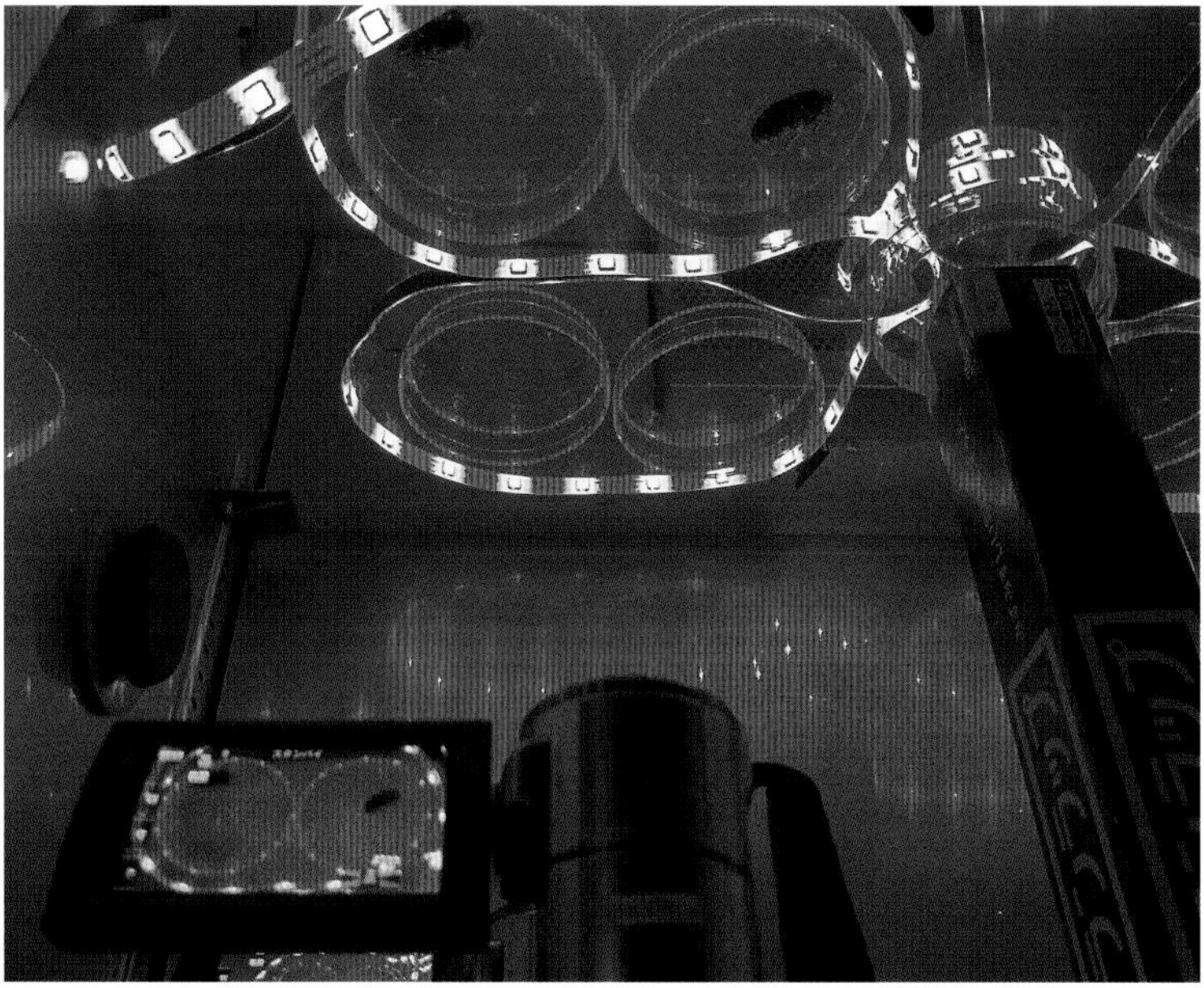

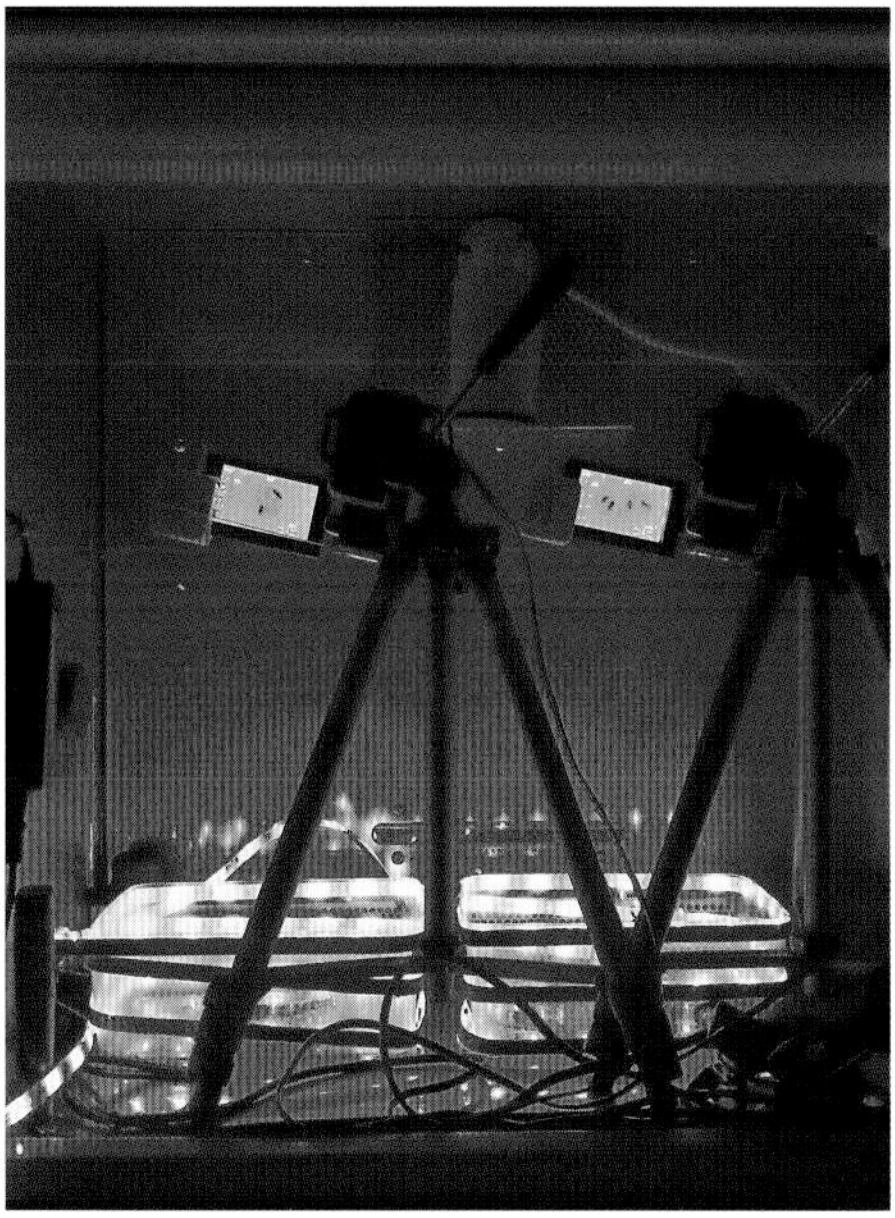

▶ 右上／撮影用インキュベーター内のセッティング。ライトは赤色LED。ラップのケースは支柱

右下／撮影用インキュベーターの全貌。ドアの小窓は光が入らないようアルミホイルで塞ぐ

▲ 給餌撮影用レイアウト。撮影用インキュベーター内を下から写したところ。ゴキの腹面が見える

◀ 配偶行動撮影用レイアウト。個体を背面から撮影する。SDカードを交換しながら72時間ぶっ通しで撮影

▲

国際行動生態学会にて

ポスター発表をする著者

大崎遥花

この生物に
秘められし謎を追う

はじめに

毎年4月頃、那覇空港で重たそうに巨大なスーツケースとリュックを抱えて早足で歩く人間がいる。ハイキング帰りのような格好で、搭乗時刻ギリギリであるためとても急いでいる。一見ありふれた光景と思われるかもしれないが、そんな人間を見たら本書の著者である私の可能性が高いので近づかないほうがいい。

なぜって？

巨大スーツケースもリュックも、ゴキブリでいっぱいだから。

ゴキブリといっても、そのへんにいるゴキブリを想像してもらっては困る。私が研究しているのはクチキゴキブリという、森林の奥でひっそりと暮らす害虫ではないゴキブリなのだ。特に生物に興味のない人が、ある日山に登りたいと思い立ち、登山の道すがらで目に留まった朽木（くちき）を突発的にボコボコに割り出したりすることなく生涯を終えるのであれば、およそ人生に登場することのない昆虫である。もっとも、著者のように朽木を割りまくる人生を選んでしまった場合はその限りではない。

一度、機内持ち込みしたリュックを抱えて離さなかった私を見かねたキャビンアテンダ

ントの方に「中身は何ですか？」と聞かれたことがある。私は咄嗟に、

「……土です」

と言ってしまった。

しかし、弁明させてほしい。ここで正直に「ゴキブリです☆」などと元気よく答えてしまったら、キャビンアテンダントの方の精神が耐えられる保証がない。むしろ耐えられない可能性を積極的に考えたほうがよい。

もし、仮に、万が一、キャビンアテンダントの方が屈強な精神の持ち主で持ち堪えられたとしても、私の隣に座った乗客のメンタルが無事ではあるまい。その後約1時間のフライトをバイオハザードな恐怖に震えて過ごさせてしまうのは忍びないではないか。

もちろん、ゴキブリを入れている容器はすべて確実にロックできる構造のものを使用しているし、リュックをひっくり返したところで、1頭たりとも逃げ出すことはない。音も臭いもない。当然、機内持ち込み禁止物でもない。しかしそんな現実的な話は関係ないのが人間の感情というものだ。

そして、土が入っているというのは嘘ではない。ゴキブリは土を入れた容器に入っていたのだから。土の中にゴキブリがたまたますべての容器に混入していただけである……という詭弁をこねくり回したくなるが、当時、咄嗟に遠回しに嘘をついてしまったことは反

省している。機内持ち込みせずとも、預け入れ荷物でクチキゴキブリたちが元気に手元に返って来ることがわかってからは、なるべく預けるようになった。

*

クチキゴキブリは読んで字のごとく、朽木の中に棲み、朽木を食べて生きているゴキブリである。彼らは、ふだん読者の方が遭遇しているであろう「屋内に出没する黒い影」とは違い、速く走れないゴキブリだ。

私は九州大学理学部に入学し、大学4年生で卒業研究を始めたときから、この本を執筆している現在に至るまでの約7年間、クチキゴキブリを研究してきた。日本には、九州・屋久島にエサキクチキゴキブリ、奄美(あまみ)以南にタイワンクチキゴキブリの合わせて2種のクチキゴキブリが生息する。

沖縄本島で採集できるのはリュウキュウクチキゴキブリ（タイワンクチキゴキブリの琉球亜種）であり、研究拠点のある沖縄本島北部に広がる豊かな森林「やんばる」まで毎年調査・採集に行くのである。やんばるは、クロイワトカゲモドキやテナガコガネ、ヤンバルクイナなど沖縄固有の生物に溢(あふ)れた生き物屋垂涎の場所だ（生き物好きの中でもある一線を越えてしまった人種を「生き物屋」と呼ぶ）。

クチキゴキブリは朽木を食べながらトンネルを作り、そこで家族生活を営んでいる。父親と母親は生涯つがいを形成し、一切浮気しないと考えられている、人間なんかより一途な生き物である。一生浮気せずに同じ個体と、という生き物は非常に稀であり、これだけでも研究する価値がある。

しかも、彼らは「卵胎生」という、卵が母親の体内で孵化して子が直接お母さんのお腹から出てくる繁殖形態をとる。卵胎生はサメやダンゴムシ、マムシ、タニシなど、実は分類群を越えてぽつぽつ存在するが比較的珍しい。クチキゴキブリは交尾後約2カ月で子が生まれると、両親ともに口移しでエサを与えて子育てを行う。

両親揃って子育てを行う生態は鳥類などでは多く見られるが、昆虫ではこれまた非常に珍しい。成虫になった子は5〜6月に実家の朽木から飛び立つ。私はこの成虫になる前の子を狙って、4月にやんばるへ毎年やってくるのである。

ゴキブリ目線で語るとなんとも恐ろしい存在だ。

しかし、安心していただきたい。何も親を殺して子を奪い取ろうというのではない。彼らは両親と子で構成されたコロニーで生活している、いわば核家族世帯である。私はその仲睦まじい家族を血も涙もなく引き裂いたりはせず、一家まるごと採集する。これで、まだ小さな子も親がいて安心だ。私もゴキブリがたくさん採れてうれしい。Win-Winである。

しかしうれしいことばかりではない。なんと私はゴキブリアレルギーになってしまったため、クチキゴキブリを素手で触ると無数の水ぶくれができてしまうのである。クチキゴキブリの脚には無数の棘があり、それが皮膚を貫通するのだ。脚の棘は刺さると血が出るくらい鋭い。薄手ゴム手袋もなんのその。

毎年ゴキブリシーズンになると、ゴキブリのハンドリングに一番よく使われる私の右手人さし指先端は鮮血がにじむ。こうして棘表面に付いたゴキブリ由来の怪しい物質（おそらく体表炭化水素など）が体内に入ってしまうと、翌日には立派な水ぶくれが皮膚の奥底からこちらを覗いているので、こちらも覗き返す。たまに潰す。

ゴキブリアレルギーだったとしてもこんな人生を歩んでいなければ困りはしなかっただろうに、よりによってクチキゴキブリ研究者などという道を選んでしまったため、採集、実験シーズンは指が痒くて仕方がない。

これは運命のいたずらか……と運命に責任転嫁したいところだが、こんなケッタイな病になったのは、これまで7年間クチキゴキブリをいじくりまわした自身のせいであることは明白で、ぐうの音も出ない。……ぐう。

私が初めてクチキゴキブリを知ったのは大学生の頃だ。昆虫採集に行った初めての南西諸島は2月の石垣島だったと思う。石垣島にはタイワンクチキゴキブリ（原名亜種）が生息している。沖縄では馴染みのホームセンター「メイクマン」で今でも愛用している手鍬を購入し、その新品の手鍬を朽木に向かってぽすっと一振り。そうしたら、ぽろぽろとクチキゴキブリが出てきたのだ。

　このとき、コロニーにいる両親の翅がなくなっているのを初めて目の当たりにしたのである。どうして翅がないのだろう、と調べるうちに、クチキゴキブリの記載論文（新種発見を報告する、その種の特徴を記した論文）に「成虫の翅は欠損していることが多い」と書かれているのを読み、その断面の形状から「翅が齧られているのでは？」と思うようになり、のちにこれはオスメスで食べ合うらしいと知った。

　この「クチキゴキブリの雌雄が互いに行う翅の食い合い」こそ、私が２０２１年に初めて論文で報告し、卒業研究から現在まで続けている私の研究テーマである。ちなみに、クチキゴキブリ研究を現在遂行しているのは全世界で著者ただ一人だ。その意味では、私もやんばるの生物と同じく希少種である。

*

　本書は、世界で唯一のクチキゴキブリ研究者の書いた、世界で唯一のクチキゴキブリ研究本である。

第1～2章では、知られざるゴキブリの姿と、クチキゴキブリが見せる謎の行動「翅の食い合い」とは何かについて、行動生態学の基本知識を交えながら解説した。嫌われることの多いゴキブリが、実は類を見ないほど面白い生き物だということも知っていただけたらと思う。

第3～8章は、手探りのゴキブリの採集・飼育から実験セットの構築、撮影に至るまでの試行錯誤をリアルに書いている。研究者がどんなふうに考え、実行し、分析することで研究を進めていくのか、研究が総合格闘技だということを感じていただけるのではないだろうか。

また、研究を進める中で必ず経験する、学会発表や論文投稿、助成金の申請などについても正直に書いた。実験以外でも右往左往する著者のリアルな姿が観察できる内容となっている。

第9章～10章は、これまでの実験から明らかになったことに加え、研究者という生き方について、私が思うことを書いた。研究者の道が険しいというのは有名な話だと思うが、険しいだけではないし、そこには世の中の仕組みが関わっている。研究者を取り巻く環境の一端を一人でも多くの人に知っていただきたい。

また、本書に登場する挿絵のイラストと点描画はすべて著者が自ら丹精込めて描かせていただいた。ゴキブリに溢れた文章の中のつかの間の箸休めとして、描き下ろしの点描画（なお、ゴキブリ）を目の保養にしていただけたらこれ以上の喜びはない。

＊

世界で他に誰も研究していないけれど、翅の食い合いはするし、卵胎生だし、子育てもするし、浮気もしない――それぞれ一つだけでも面白いのに、それらを「全部盛り」してしまっためちゃめちゃ面白い生き物、それがクチキゴキブリなのだ。

この生き物を研究せずして何を研究するというのか？と豪語してしまうほど、魅力的な生き物である。読者の皆さんには、本書を通じてこの興奮を感じていただきたい。

そして、一人の人間が何をどうしたらクチキゴキブリ研究者などというニッチな人生に迷い込み、生き延びているのか、遠巻きに双眼鏡から覗くような感覚で本書をご覧いただければと思う。

大崎遥花

ゴキブリ・マイウェイ　目次

第4章 クチキゴキブリ採集記

第5章　実験セットを構築せよ！

第6章　戦場でありフェス、それが学会

第8章　論文、それは我らの生きた証

第9章　ゴキブリの不可思議

第1章

やんばるの地に降り立つ

ここは天国

私のクチキゴキブリ研究は、沖縄に降り立つところから始まる。

飛行機の扉を出ると全身を襲う南国の熱気。当時暮らしていた福岡は4月でもまだ肌寒い日があるというのに、さすが沖縄は既に夏である。那覇空港の手荷物受取所では銘菓「紅芋タルト」のシュールなCMが流れる。

紅芋タルトの着ぐるみという、着こなしの難しい衣装に身を包んだ子どもたちがピカピカの笑顔を存分に撒(ま)き散らしながら踊るこのCMは、一度見たら忘れられるわけがない。もちろん、この子どもたちの頑張りに報いるため、帰りには毎回紅芋タルトを買って帰るのが私のルーティンだ。

手荷物受取所を出ると「めんそーれ」の文字が出迎えてくれる。沖縄の方言(うちなーぐち)で「いらっしゃい」。到着ロビーにある大きな水槽には沖縄美ら海水族館の魚たちが悠々と泳ぐ。サンゴ礁を切り取ってきたかのような水槽を眺めて一息つく。

今年もクチキゴキブリ採集の季節がやってきた。

スーツケースの中には、手鍬、ナタ、長靴、100円ショップで大量購入したMサイズの冷蔵用チャック袋、これまた大量のプラスチック容器、細身のゴム軍手などなど。職務質問で中身を出せと言われたらテロリストと勘違いされてそのまま連行されそうな、物騒な内容だ。

でも、到着ロビーで職務質問されることはない。たまたま持ち物が物騒なだけで、何も後ろめたいことはない。堂々としていればよいのだ。私は無罪である……。そんなことをいつも考えてニヤニヤしながら、涼しい顔で空港を後にする。

外に出ると眩（まぶ）しい光線が降り注ぎ、「沖縄」が目に飛び込んでくる。

いよいよ来た。その眩しさに目を細めながら、遠方の空を見やる。

目指すは、クチキゴキブリの生息するやんばるだ。

やんばるは、沖縄本島北部の国頭（くにがみ）村、大宜味（おおぎみ）村、東（ひがし）村の3村に広がる豊かな森林で、漢字で「山原」と書く。その名の通り、同じくらいの標高の山々が一面に連なって原っぱのような様相をなしている。ヤンバルクイナ、ヤンバルテナガコガネ、リュウキュウヤマガメをはじめ、沖縄固有の生物に溢れた貴重な場所だ。

いつもの店で事前に予約していたレンタカーを借りる。もちろん保険はノンオペレーションチャージ（車の修繕が必要になった場合の、レンタカー会社に対する休業補償）まで全部加入。これで車を壊しても大丈夫だ。単独調査でのリスクマネジメントは、いくらしてもしすぎることはない。

手始めに沖縄自動車道を最北端の許田（きょだ）インターチェンジまで制覇し、なおも北を目指し、沖縄の大動脈、国道58号線を延々と北上する。

西沿岸を通る国道58号線を通過するのは決まって夕暮れどきで、夕焼けが非常に美しい。しかし、ドライバーの皆さんは高速道路気分が抜けきらない状態で運転をなさるので、夕日に見惚（みほ）れてうっかりしていると容易（たやす）く事故ってサンゴ礁に弾き飛ばされそうになるため注意が必要である。サンゴ礁を汚してはいけない。

休憩含めて3時間のプチ長旅の末、独りレンタカーでやんばるに到着。

毎年やんばるでの調査中は、琉球大学の演習林「与那（よな）フィールド」を調査拠点として利用させてもらっている。研究目的の研究者なら宿泊申請すれば一泊１５００円で宿泊でき、Ｗｉ－Ｆｉも厨房も使い放題（２０２３年現在、コロナの影響で、学外者の宿泊は条件付き受け入れとなっている）。当然、演習林は豊かなやんばるの森。そうか、ここが天国か。

演習林のセンターに駐車して徒歩で林内に入り、相棒の手鍬で朽木をぽすっと叩く。朽木の樹種は関係なく、サルノコシカケのようなキノコの菌糸がはびこった、いわゆる白色（はくしょく）腐朽材（ふきゅうざい）と呼ばれる状態になった朽木が彼らのお好みだ。

外にフンが出ている朽木なら特に怪しい。朽木を一度ぽすっと叩けば、だいたいゴキブリが入っていそうかどうかは1秒で判断がつく。柔らかさ、水分量、音、色などを瞬時に総合評価するのだ。

「こりゃ旨そうだ（ゴキブリ目線）」

という朽木が10本に1本くらいあるので、しつこく割っていくと念願のクチキゴキブリのお出ましだ。

こちらはうれしいが、あちらは突然の天変地異で逃げ惑っていて、それどころではない。感動の出会いとはならないのがいつも残念である。こうして晴れてクチキゴキブリがわらわらと出てきたら、Mサイズの冷蔵用チャック袋に家族一緒に材ごと入れて、大事に持って帰る。

これほどこちらから探して会いに行かないと、クチキゴキブリにお目にかかることはできない。「はじめに」で「普通なら人生に登場することがない」と言った意味がおわかりいただけたと思う。

その後、後生大事に研究室へ持って帰り、実験室でオスとメスを番（つが）わせる。翅の食い合いを観察するためだ。

翅の食い合いとは、リュウキュウクチキゴキブリの新成虫のオスとメスが配偶時にお互いの翅をもりもりと食べ合う行動である（Osaki & Kasuya 2021）。彼らは羽化したときには腹端（ふくたん）を超える長さの翅を持ち、もちろん飛ぶこともできる。

ずんぐりむっくりした体型なので、多くの人は「飛べるといっても、高いところから滑空できる程度でしょ？」と思われるのだが、驚くなかれ、彼らは完璧に自身の翅の生み出す揚力だけで低いところから飛び上がることができるのである。

そんな非常に実用的な翅であるにも関わらず、異性に出会ったとたん、急に相手に気前よく与えてしまうのである。実際のところは、与えるといっても自身でちぎって差し出すなんて体の構造上できないので、相手が翅を何の前触れもなく食べ出しても全く抵抗しない、という説明が正しい。

そうして、食べられながらしばらくじーっとしている。野外で採ってきたクチキゴキブリの親個体を見ると、どの個体も翅が付け根付近までしっかりと食べられてなくなっており、この短さになるまでには早くて12時間、食べるのが遅かったり、中断をたくさん挟んだりすると2〜3日間もかかる。見ているこっちが疲れてしまう。

大体はオスが先にメスの翅を食べ始めて、しばらくすると交代してメスもオスの翅を食べ始める。しかし、必ずこの順番ではなく、ペアによってはメスのほうががっついて早く食べ始めることもある。

ペアによって非常にばらつきのある行動だが、すべてのペアで共通しているのは、食べ終えた後の翅の短さである。これまでに採集した野外の親個体のすべての個体で翅は食われて短くなっていた。野外条件で、ここまでばらつきが無いのは非常に稀なことである。通常、野外では個体によって経験や環境が微妙に異なるため、行動や形質はばらつくからだ。

「翅が無くなってしまっては飛ぶこともできなくなるのに、翅の食い合いは100パーセントの確率で起こっている……。この行動には何か適応的意義があるに違いない」

そうして私は、ゴキブリ研究の第一歩を踏み出したのである。

あなたの知らないゴキブリ

ところで、世界にゴキブリが何種いるかご存じだろうか。「ゴキブリの種類？　ゴキブリはゴキブリでしょ？」なんて雑なことを言ってはいけない。虫から見れば、ヒトもアカゲザルも「みんなサルでしょ？」かもしれないが、我々はホモ・サピエンスでありアカゲザルとは全くの別種であるというのと同じだ。

ゴキブリはゴキブリ目（Blattodea）に属する昆虫を主に指す言葉である。2007年にシロアリ目がゴキブリ目の中に完全に包含されることが明らかになったので、ゴキブリ目昆虫の一部はシロアリである（Inward et al. 2007）。よってシロアリ以外のゴキブリ目を総じてゴキブリと呼ぶと認識していただければ間違いない。

全世界でゴキブリは、これまでに約４５００種が発見されている。「４５００種もあんな害虫がいるのか……」と絶望したそこのあなた。それは間違いなので安心していただきたい。

実は、ゴキブリの中で害虫と呼ばれる種は1パーセントにも満たない。その他の99パーセント以上のゴキブリたちは森林や草原で人間の目に留まることなく、ひっそりと生息しているのである。クチキゴキブリもそんなひっそり系ゴキブリの一種だ。

日本にも64種のゴキブリが生息しているが（柳澤２０２２）、その中で害虫と認識されている種は5種程度。ほとんどの種は乾燥の激しい人工的環境に順応しておらず、むしろ人家に出没する種のほうがゴキブリ界では開拓精神旺盛なマイノリティーなのだ。私たちは、そんなゴキブリのほんの一部だけを見て「ゴキブリは害虫だぁ」とやいやい騒いでしまうのだから、ゴキブリにとっては甚だ迷惑な話であろう。

ゴキブリと見れば「いなければいいのに！」と思う方も一定数いる。それは紛れもない事実であり、ある程度は仕方のないことだ。哀しいかな、ゴキブリはブランディングが致命的に下手っぴだったと言わざるを得ない。

リュウキュウクチキゴキブリ

学名：*Salganea taiwanensis ryukyuanus*

奄美大島、徳之島、沖縄本島に分布。体長は成虫約 40mm。配偶時に謎多き行動「翅の食い合い」を行い、オスとメスが互いに翅を食べ合う。食べられる前は右の個体のように長かった翅が、食べられたあとは左の個体のようにほぼなくなって一生飛べなくなってしまう。

人間に媚(こ)びるという方法を思いつかなかった不器用な虫。しかし、本当にいなくてもいい存在だろうか？　否、ゴキブリだって静かに生態系を担っている。

そもそもクロゴキブリをはじめ、家屋に出没するゴキブリが害虫と呼ばれるのは、特にインフラのまだ整っていなかった時代に、汲み取り式トイレなどで糞尿表面を歩いた脚で食器棚などに出没する衛生害虫として扱われていたことに由来する。

現代でも、何を踏んだ脚で室内に上がって来ているかを知る手立てはないが、当時よりはだいぶ人間側の環境がきれいになっている。だから、家にいても無害だとは言わないが、今は昔に比べて清潔な環境なのだと心に留めておいていただければと思う。

では、ゴキブリがこの世からいなくなったらどうなるだろうか。家屋害虫のゴキブリだけでなく、森林のひっそり系ゴキブリもまとめて、である。研究例が乏しいため推測の話にはなるが、99パーセントのひっそり系ゴキブリが森林から忽然(こつぜん)と姿を消したら、まず朽木と落ち葉の分解が進まなくなるだろう。

クチキゴキブリだけでなく、オオゴキブリも朽木を食べるし、トンネルをガンガン掘削する。朽木や落ち葉は、他の昆虫にとっては硬かったり、大きすぎたりして食べられないことが多い。また、モリチャバネゴキブリなど林床を歩き回るような生活をしている他のゴキブリは、雑食性の種がほとんどなので、朽木・落ち葉の他に昆虫の死骸や動物のフン、キノコなどあらゆる物を食べる。

ある程度の体サイズがあり、大顎が大きく、雑食性である、という三拍子揃った生物であるゴキブリは、朽木や落ち葉、昆虫の死骸などの分解の第一段階である「物理的な分解」を担っている（Bell et al. 2022）。ゴキブリがこれらを食べるついでに粉砕してくれることで酸素が入りやすくなり、腐朽菌（キノコ）の菌糸が回りやすくなって腐朽が進んだり、ヤスデなどの小さな土壌動物が利用しやすくなったりする。

こうしてクチキゴキブリによって開始した分解により、朽木や落ち葉はまた森林の土壌に返っていくのである。いくら他に分解者の生物がいたとしても、第一段階の分解が遅くなれば、当然森の地面は倒木だらけになり、植物も生えにくく、豊かな森とは言えない状態になってしまうだろう。

また、ゴキブリはクモやトカゲなどの捕食者に食われ、生態系の養分を循環させている。ゴキブリは個体数も多いため、多くの捕食者を養っているだろう。

ゴキブリは唯一の分解者ではないし、唯一の被食者でもないが、その個体数と雑食性、そして物理的な分解の速さで、生態系のニッチを確立していると言える。不快害虫とはいえ、いなくなったら問題だし、この問題はいつか人間の生活に影響してくる。影響してきた頃には手遅れ、なんてこともザラにある。いなくなればいいのに、というのは極論だ。

ということで、私は屋内でゴキブリに遭遇したら、そっと誘導して外の世界にお帰りいただく。本来、森林が彼らの棲む世界だからだ。

マダガスカルからの使者

ゴキブリと私の馴れ初めについて少し話そう。

私の出身は栃木県であり、大学進学で初めて九州に住み始めた。本州には、クチキゴキブリと同じ科に属するオオゴキブリは生息しているが、日本産クチキゴキブリは九州以南にしか生息していない。高校まではクチキゴキブリとは出会いようがなかった。

私とゴキブリの物語は、中学時代まで遡る。ゴキブリを初めて研究対象として認識したのは、中学のときであった。しかし、初めて研究したゴキブリはクチキゴキブリでも、そのへんにいるクロゴキブリでもない。なんと体長7センチメートルにもなる外国産ゴキブリ、マダガスカルオオゴキブリである。初めてにしてはなかなかどギツい。

当時、総合的な学習の時間(のようなもの)で「なんでもいいから自身の興味のあることを研究して発表する」というものがあった。私が通っていたのは大学の附属学校だったの

マダガスカルオオゴキブリ

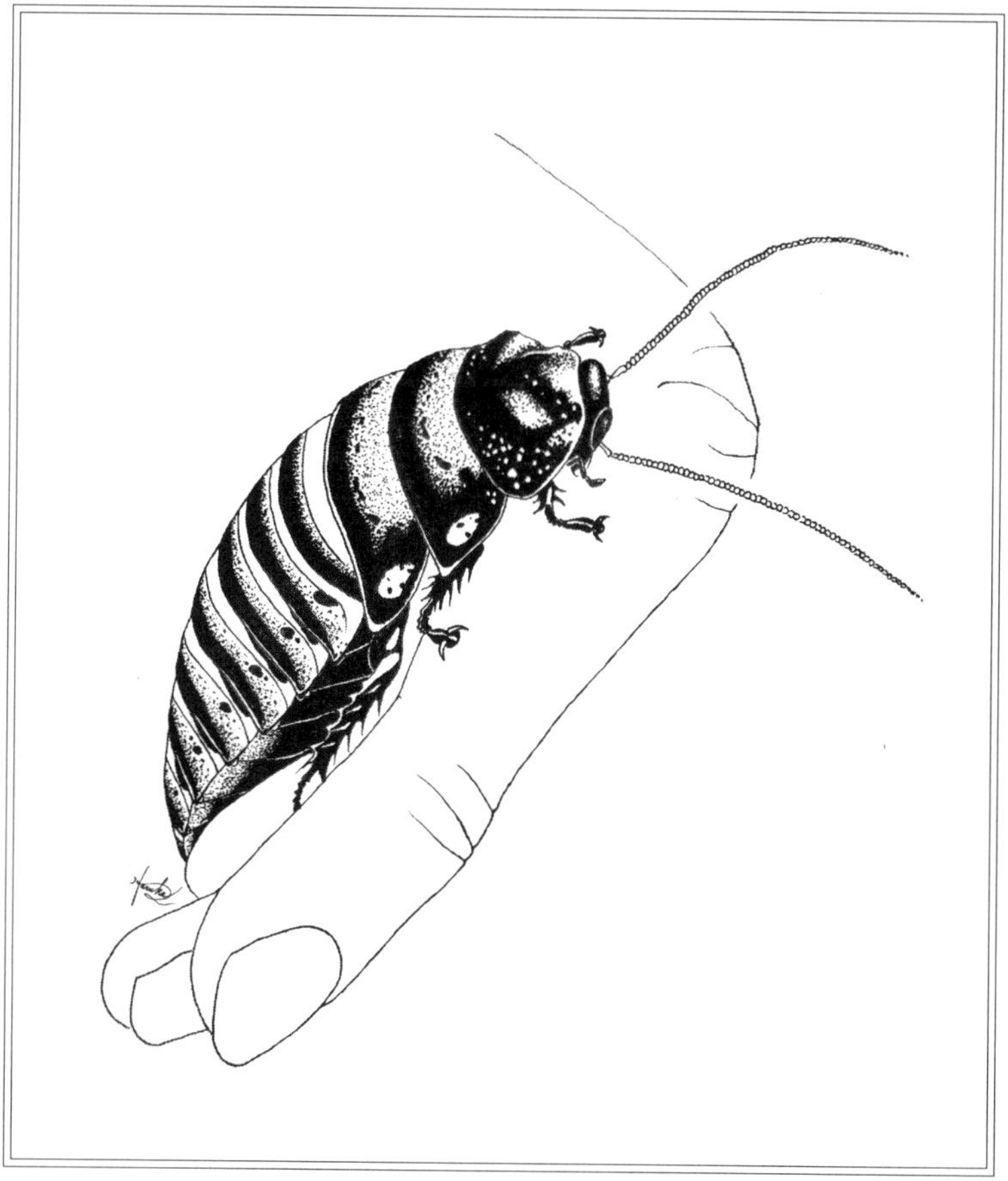

族名：*Gromphadorhini*

マダガスカルオオゴキブリや、マダガスカルゴキブリという名のゴキブリは原産がマダガスカルというだけで1種ではない。彼らは英名でHissing cockroachと呼ばれ、つつくと威嚇音として腹部の気門から「シューッ」という音を出す（hissing）。つつき続けると疲れて無言になる。

で、そういう変わった授業は多かったのである。虫にしか興味のなかった私は、当然のように昆虫の研究をやろうと思い、理科を担当していた金子先生のところに行った。

しかし、時期は冬。野外で研究に使えそうな昆虫はほぼいない。意気消沈していたところ、私の目の前に「マダガスカルオオゴキブリ100頭セット・お買い得！」という文字が飛び込んできた。なんと先生が、両生爬虫類用品のネット通販でエサとして売られているマダガスカルオオゴキブリの画面を見せてきたのである。

「これなんていいんじゃない？」

金子先生は気に入った様子だ。虫を通販で買うなんてそれまでやったことがなく、冗談だろう、と思っていたのだが、次の日行くと何やら怪しい箱が届いている。耳を澄ますと中からわしわしわしと心当たりのある音がするではないか。

「あ、それ。来たよ」

と、にっこにこで先生が差し出してきたのは、あの画面で見たマダガスカルオオゴキブリ（しかもオスメスセット）だった。

「本気だったのか……」

箱の中でうごめく特大ゴキブリを見つめる。マダガスカルオオゴキブリはオスメスともに翅のないゴキブリだ。触角も短い。しかも、腹の部分はクリーム色から茶色という明るめカラー。ぽてぽてとして全然素早く動けないわがままボディ。おしり引きずってるし。ふだん学校の廊下で見ていたクロゴキブリの成虫とはだいぶ違うその姿は、ゴキブリらしくなく、見慣れないからこそずっと見てしまう。そんな出会いであった。

でも、このとき金子先生が勢いでマダガスカルオオゴキブリを購入して私に研究材料として提供してくれなければ、ゴキブリを研究することは生涯なかったと思う。先生は紛れもなく、私の人生をすごい方向に曲げた人物の一人だ。

それまで廊下の端に存在するだけ、すなわちアウト・オブ・眼中だった生き物、ゴキブリ。それが一転、私の人生に研究対象として鮮やかに登場したのであった。

クチキゴキブリはすごい

クチキゴキブリは、オオゴキブリ科（Blaberidae）という科に属している。動物の分類体系では大きい順に、界・門・綱・目（もく）・科・属・種と分けられていくのが基本であり、クチキゴキブリは動物界・節足動物門・昆虫綱・ゴキブリ目・オオゴキブリ科・クチキゴキブリ属、となる。

ゴキブリ目には12の科が現在確認されている（Evangelista et al. 2019）が、中でもオオゴキブリ科は卵胎生という繁殖形態をとる唯一の科であり、その点でゴキブリ目の中でも異彩を放っている。その他の科はすべて卵生（母親が卵を体外に産み落とす繁殖様式）である。オオゴキブリ科の中にはさらに完全なる胎生（卵は孵化まで母親の育児嚢という袋に保持され、そこで養分を母親からもらって成長する繁殖様式）のゴキブリまで存在していて、ゴキブリの多様性を感じざるを得ない。1つの目（もく）に卵生、卵胎生、胎生がすべて揃っているのは非常に珍しい。ゴキブリ万歳。

卵胎生とは、卵生と胎生を合わせて作られた用語である。卵胎生はその名の通り、メス親は卵を体内で形成するが、そのまま体内で孵化まで卵を保持し、孵化した子は胎生のように幼虫の姿である日突然、外界に登場するという繁殖形態だ。卵を作るものの、その卵は体外に産み落とされることはなく、メス親体内の育児嚢（のう）（保育嚢）と呼ばれる袋に格納されて、孵化まで水分とガスの供給だけ受ける。胎生と異なるのは、養分は供給されないという点である。あくまで卵を産み付けた場所が体内だった、という状態だ。

この卵胎生のゴキブリが卵を育児嚢に格納するときに見られる奇妙な行動があるので聞いていただきたい。卵生のゴキブリでは、卵をカプセルケースに入れた状態で産むものが多い。このケースは卵鞘（らんしょう）と呼ばれ、クロゴキブリの卵鞘は一見あずきが転がっているようにしか見えない。中身はゴキブリなのだけれど。

卵鞘内では一つひとつの長細い卵が見事に整列し、限られた容積にぎうぎうに詰まっている。詰め放題のタイムセールで限界までビニールに詰め込まれた大量のきゅうりのごとし。これが進化の賜物(たまもの)か。

この収納術は卵胎生のゴキブリにも受け継がれていて、卵巣で形成された卵は輸卵管を出てくるときには二列縦隊で塊になっている。整列して互いにくっついた状態の卵はここから育児嚢へ格納が行われるわけだが、なんと、メス親はそれらを一度ほぼ体外に出す。どうするかというとおケツの先から卵の棒が突き出た状態にした後、その棒をくるっと90度回転させ、また体内にずずずと吸い込むことで格納を行うというのだ。何を言っているのか分からねぇと思われるかもしれないが、文献にはそう書いてある。

実はずっと、自分でこの収納術を目撃したことがなく、私の中では都市伝説のままだったのだが、2022年に実際に見ることに成功した。くるっと回転させるところは見られなかったが、おしりから立った状態で突き出ていた卵が気づいたときには格納されており、後からメスの腹を押すと、卵の塊が完全に寝た状態で出てきたのである。文献にあったことは事実だった。自分の目で見たことを信じるのは研究者として大事な姿勢である。

どうして、卵胎生なんて面倒くさいことをするのだろう。卵生であれば育児嚢に入れる必要もないし、卵を回転させるなんていうアクロバティックな荒業を繰り出すこともない。

それに卵胎生は卵生に比べて、1回に産める子の数が少ない、卵保持期間が長いというデメリットがある。

卵生は小さな卵の状態で体外に出せるが、卵胎生は体内で孵化させなければならない。孵化が近づくにつれて膨らむ卵をずっと保持するには、卵を少なくして少し余裕を持たせる必要がある。普通は子の数は多いほうが繁殖は成功とみなされる。わざわざ少なく子を産まなくてはならないのにどうして卵胎生なのだろうか。これは卵保持期間が長いというもう一つの特徴に関連してくる。

実は、卵胎生は卵生に比べて、より確実に子を守ることができるのである。子の生存に資するすべての行動を「親による子の保護」と呼ぶ（Clutton-Brock 1991）が、卵胎生も保護の一種と考えられている。孵化するまで外界に放置される卵生に比べ、卵胎生は体内で守られ、天敵が来たらメス親とともに逃げることができる。

こうして孵化まで確実に生き残らせることで、自身の子を確実に残す戦略をオオゴキブリ科のゴキブリは進化させたのだろう。

生物において、親による子の保護は他にもたくさんの種類がある。卵を天敵から見えにくい場所に生んだり、カモフラージュしたりすることも広義には保護に含まれる（Clutton-Brock 1991）。でも、そんな話をしていたらすべての生物は多少なりとも保護をする、みたい

卵鞘格納

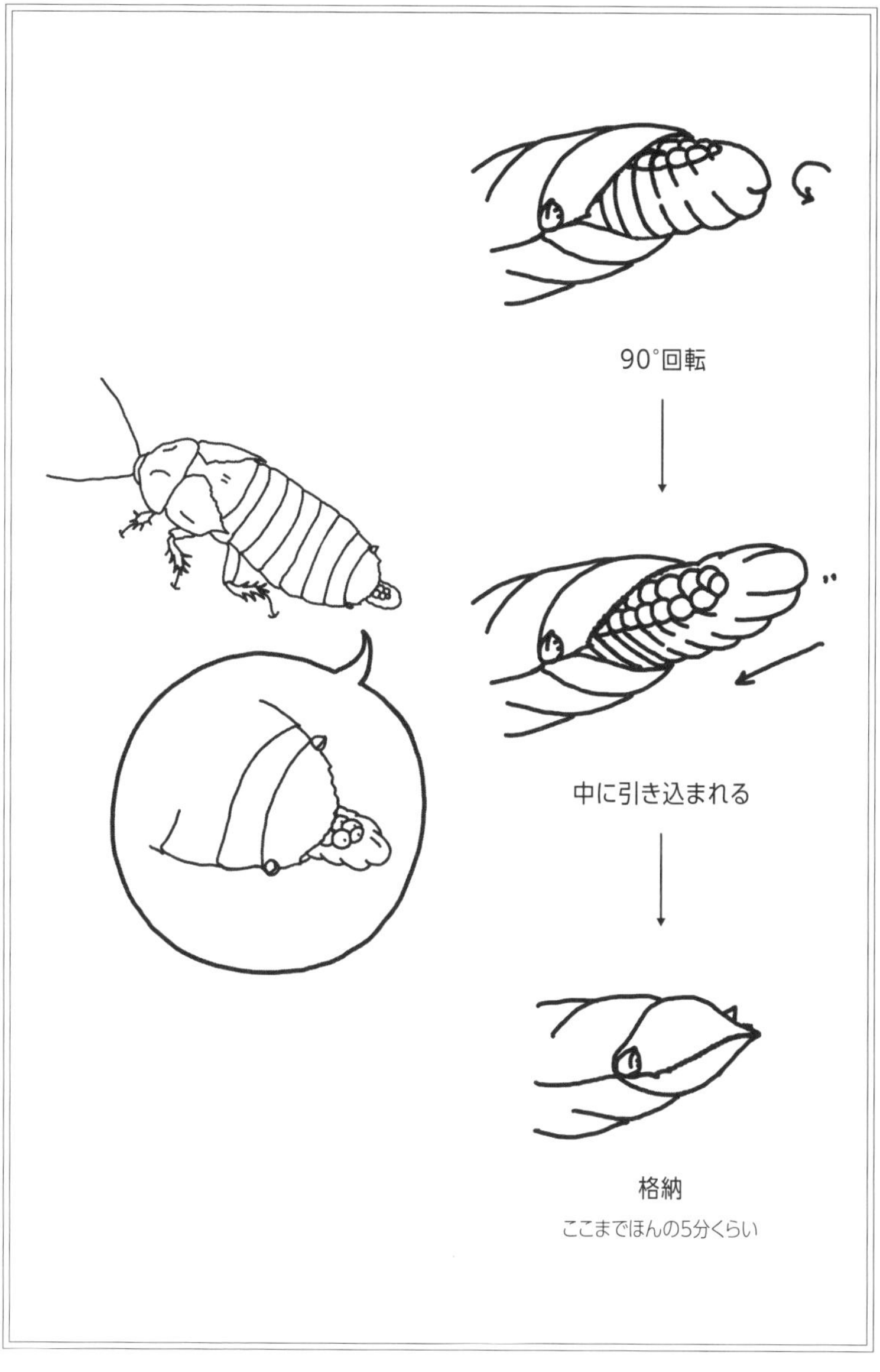
90°回転
中に引き込まれる
格納
ここまでほんの5分くらい

なまとまりのない話になってしまう。

ここでは、保護としてわかりやすい「子育て」的な行動を保護としてみよう。巣を作ったり、エサをあげたり、天敵から守ったりする行動である。クチキゴキブリで、子が生まれた後に両親で給餌をするのも子の保護の一種だ。生物には、保護しないタイプ、クチキゴキブリや鳥類のように両親で保護するタイプ、多くの哺乳類のようにメス親単独で保護をするタイプ、タツノオトシゴをはじめとした魚類のようにオス親が単独で保護するタイプの4つがある。

生物全体で見ると、保護しないタイプが一番多い。それ以外の保護をするタイプの中でどのタイプが最も一般的かは、分類群によって実に様々である。例えば鳥類では約90パーセントの種が両親で保護するが、哺乳類ではメス単独が95パーセントで両親が5パーセント、転じて魚類では多くの種がオス単独保護、などなど（Davies et al. 2015）。

昆虫の属する無脊椎動物では保護するタイプは非常に稀で、ほとんどの種は保護を行わない。もし保護を行うとしても、メス親単独での保護が普通である。例えば、カメムシの母親は産んだ卵塊の上に覆いかぶさったり、コブハサミムシの母親は孵化まで卵に随伴した後、孵化した子に自身の体を食べさせたりという自己犠牲の塊のような保護を行ったりする（Costa 2006）。

昆虫以外にもクモやサソリ、ウデムシなどの節足動物で、母親の腹に孵化した子虫がくっついているのを見たことがある人もいるだろう。そんな中で、クチキゴキブリのように両親で子を保護する生態を持つものは、無脊椎動物では非常に珍しいのである。

普通は保護をしない分類群の中にあって、なぜ、しかも両親による子の保護が進化したのか。これはいまだ謎である。ここもクチキゴキブリの興味深い部分であり、研究者として見逃したくないポイントだ。

その行動、なんのため？

ところで、「進化」とは何だろうか。

端的に言うと、進化とは、世代を超えて形質が変化していくことである。進化は単に「変化していくこと」であり、方向の定義はない。だから例えば、ツノが発達して長くなることも進化だし、ツノが退化して痕跡しか残らないことも進化である。

「進化」の意味に対して多大なる影響を与え続けている『ポケットモンスター』というゲームソフトシリーズがある。有名な話だが、ポケモンの進化は、正しくは進化ではない。

この最も大きな理由は、世代を経ていないからだ。もしポケモンに生物学的な進化を当てはめるとすると、親ポケモン（＝1世代目 ※カントー地方のポケモンのことではないことに注意。ああ、ややこし）が卵を産んでその子孫（＝2世代目以降）が進化形、ということになるはずだが、作品では同一個体の変化でしかないので「進化」ではないのである。

ポケモンのように、同じ個体の姿が変化するのは「変態」と呼ばれる。例えばカブトムシの幼虫が脱皮して蛹（さなぎ）になることや、蛹から成虫になることを変態という。どれも同じ個体だが、姿や体の機能が大きく変わる。変態には、どんな姿を経て成虫になるかによって、完全変態、不完全変態のほか、過変態、不変態、前変態などなど細かく分類すると様々ある。ポケモンは一体どれに当てはまるのかは種によると思う。

先ほど、「自己犠牲のような行動」と表現したが、自分への見返りは求めず相手のためだけを思って行う、というような、真の意味での「自己犠牲」は生物には存在しないと考えられている。前述のように、自身の体を子に食べさせるコブハサミムシの母親や、他にも交接後に自ら進んでメスに食われるセアカゴケグモのオス（Andrade 1996）など、自分から食われる行動が生物には存在する。しかし、これは自己犠牲などではなく、そうすることが自身の子を一番多く残すことのできる方法だからやるのである。

すべての行動は個体自身の利益のために行われていると考えるのが、行動生態学という学問の基礎的な考え方だ。行動生態学は「生物がなぜこのような行動をするのか？」という問いを追求していく学問であり、「クチキゴキブリはなぜ翅の食い合いをするのか？」という著者の研究も行動生態学に当たる。

「ティンバーゲンの4つのなぜ」という言説がある。

この説を唱えたオランダの動物行動学者であるニコ・ティンバーゲンは、動物行動学の祖と呼ばれる。イトヨのオスが、赤い腹を持っていれば相手が模型でも攻撃するという本能行動の研究で、コンラート・ローレンツ、カール・フォン・フリッシュとともに、1973年に行動学で初めてノーベル生理学医学賞を受賞した人物だ。

彼は、「なぜ、この行動をするのか？」という問いには、必ず4つの意味が存在し、それらすべてに答えられて初めてその問いを解明したと言える」と主張した。その4つとは、メカニズム・発生（学習）・機能・系統である（4つの和訳は流派があるので調べられたし）。

これだけだと、何を言っているのか見事にちんぷんかんぷんだ。例えば、「鳥はどうしてさえずるのか？」という問いを立てて「ティンバーゲンの4つのなぜ」に当ててはめてみると、次の4通りの答えが考えられる。

――**メカニズム**：鳴管に空気が送り込まれることで音が発生するためである。

発生（学習）**：**ヒナの頃から親の鳴き声を聞いていたからである。
機能：さえずることで異性個体にアピールし、繁殖するためである。
系統：鳥類の祖先から発音する個体が進化し、初めは単純だった音声が複雑なメロディーを持つさえずりに変化したのである。

鳥のさえずりはよくある例で、答えを見つけやすい。これを自身の研究テーマに当てはめようとすると、なかなか最初は難しいのだが、興味のある人はやってみてほしい。かなり、脳内が整理される感触を味わえるはずだ。

研究に限らず、日常生活で人間観察をするときにも試してみてほしい。回を重ねるごとに、どんどんクリアにそのヒトの行動解析ができた感を味わえる。できれば1つの問いに対して、何通りか答えを考えてみると、よりオモロイ。

さて、この中で行動生態学は「機能」に答えを与える学問である。しかし、自分の研究は行動生態学だから他の3つは考えなくていいや、とは思っていない。4つすべてを解明できたら「分かった感」が凄まじいだろうなと想像している。その次元に行ってみたい。だからこそ、今後は海外のクチキゴキブリにも手を広げて系統解析もしてみたいし、翅の食い合いをするときの生理学的なメカニズムにも興味がある。こりゃ一生かかる。でも、その覚悟はとっくの昔にできている。私はクチキゴキブリとともに墓に入るのだろう。「機能」の答えを得るとはつまり、「生物は、その行動をすることでどのように利益を得ているのだろうか？」と考えることである。生態学において、生物の「利益」とは、自身の子孫をより多く残すこと、つまり子孫の数で定義される。もっと厳密に言うと、自身の遺伝子をより多くの個体に残すことだ。

直接的に繁殖に有利になるような行動だけでなく、単に生存確率が上がるような行動でも、寿命が長くなれば生涯残せる子の数も多くなると期待できる。その個体が得た、もしくは得るであろう利益のことを生態学では「適応度」と呼ぶ。進化の結果、環境に適応したために多く子孫が残せている度合い、という発想だ。

何度も世代交代を繰り返す中で、突然変異などによって形質に変化が生じた個体が生まれ、それが偶然その環境に適していて、生き延びることができる。その結果、繁殖して子を残すことができ、その個体の遺伝子が子に受け継がれていく中で、その形質を持った個体が個体群に広がっていく、というのがざっくりとした進化の流れである。

こうして世代交代を繰り返し、その個体群がどんどん環境に適した形質を得ていくことを「適応」と呼ぶ。適応という言葉は、日常生活で用いる場合と生物学で用いる場合とでは、少々意味が異なる。生物で適応と言う場合は、進化の結果、その環境に適した状態になっていることである。日常生活で使われる適応は「ある人が新しい環境に適応する」という具合に使われることが多く、進化は経ていない。生物学で、このように同一個体が環境にフィットしていくさまを指したい場合は「順応」という言葉が使われる。

つまり、適応度の高い個体の子孫が今生き残っている個体であり、行動生態学者は現存している個体を研究することでこの生き物がどのように生き延び、どのようにして繁殖してきたかを明らかにしようというのである。

「生きざま」を知りたい

生存と繁殖。これはまさに生物の生きざまである。この生きざまを理解し、解明する学問、それが生態学である。

生態学には、行動生態学をはじめ進化生態学、個体群生態学、昆虫生態学など、「ほにゃらら生態学ファミリー」メンバーが多数存在する。だから「生態学」と一言で言ってもその題材は多岐に渡り、「これがＴＨＥ生態学だ！」という王道は今はないのではないかと思う。

自身の経験からお伝えしたいのは、このように様々な生態学があるからこそ、生態学と名の付いている本を読んだり講義を聞くときには、そこに書かれていること、話されていることだけが生態学とは思わないでほしいということだ。

本のページ数にも講義のコマ数にも限界がある。すべてを盛り込むことは不可能だ。私が大学1年で初めて受けた生態学と名の付く講義は個体群生態学、植物生態学の分野だった。昆虫や行動に興味があった私は、自分がやりたい学問は生態学だろうと思っていたのだが、初めての生態学の授業で行動や昆虫がほぼ登場しなかったため、「あれ？　思ってたのと違う。自分が興味あるのは生態学じゃなかったのか？」と思ってしまった。しかし、そこで図書館に駆け込んで生態学をしこたま調べ、行動生態学にたどり着くことができた。

進化の過程の中で、環境に適している個体だけが生き残り、子孫を残すことができる、いわば自然環境に選ばれることを「自然選択」や「自然淘汰(とうた)」と呼ぶ。この考えの始まりになったのが、チャールズ・ダーウィンの「進化論」だ。ここで言う「自然」とは、外的要因すべてを指す。天候や食べ物から、潜在的な繁殖相手の個体数まで、実に様々だ。

両親による子の保護が進化する要因も、外的要因を複合的に考える必要がある。ここでキーとなるのが、次に交尾できる異性個体の数だ。両親が子を保護しないとしたら、例えば相手に子の保護を任せ、自身は次の交尾相手を探すことになる。

ここで交尾相手がすぐに見つかると期待できるなら、子を保護しなかった個体は次の交尾をして、新たな子を得ることができる。子を保護しない個体のほうが生涯に得られる子が多くなるので、保護が進化するように自然選択は働かない。

しかし、次の交尾相手がいないとなると、どうだろう。両親で保護すれば片親よりも多くの子を育てられたかもしれないのに、わざわざ保護を放棄して次の相手が見つからないとしたら。

おそらく、この個体は保護に参加した個体よりも子の数が少なくなる。自然淘汰により、「保護しない」という行動を引き起こす遺伝子を持った子はいずれ消失するだろう。そうすると、両親で保護する個体が個体群に増え、どの個体も両親で保護するようになる。こんなことがクチキゴキブリで起こったのかもしれない。

このようなことがもし起こっていた場合、クチキゴキブリの持つ他の生態（朽木の中に棲む、卵胎生である、とか）と、どう関わっているのか。そして、これは生涯一夫一妻という生態にどう繋がっているのか。興味は尽きない。

卵胎生という繁殖形態は、オオゴキブリ科の他のゴキブリでも見られる。マダガスカルオオゴキブリもその一種だ。中学以来の時を経て、マダガスカルオオゴキブリが比較対象として研究材料に返り咲く可能性もあるかもしれない。なんという伏線。

大学に入学したら、絶対に本格的に昆虫採集を始めるぞ、と心に誓っていたので、九州大学入学後は真っ先に生物研究部に入った。この悪名高い伝統ある部活で、私はもう本当にいろいろなことを学んだ。

生物研究部は、昆虫だけでなく生物全般を守備範囲として、学内のマニアが集結する生き物屋集団だ。昆虫班、水圏班（守備範囲は魚。ベントス含む）、野鳥班、小動物班（主に両生爬虫類）、植物班、微生物班（最近消滅したと聞く……）、蜘蛛（くも）班（当時はなかったが最近作られた）に分かれ（兼班可能）、自分たちの興味の赴くままにフィールドに繰り出していた。

生き物屋という人種は本当にカオスで、生き物の多様性を学ぶと同時に、人間にもこんなに様々な種類がいるのか、と非常に勉強になった。私がこれまでに出会った変人リストのうち、半分は生物研究部である。そしてもう半分は、研究者である。

部活に所属した学部時代、沖縄本島はじめ、奄美、西表（いりおもて）、石垣、与那国（よなぐに）、対馬（つしま）などの主な離島、さらには台湾、マレーシアでの採集を経験できたことは、自身のフィールド経験において非常に貴重な糧となっている。特に西表島と台湾が非常に楽しかった。

中学でのマダガスカルオオゴキブリの洗礼から始まり、私の中でゴキブリは「研究対象として関わり続けるべき存在」になっていた。みんな知っている、でもよく知らない、扱いたくない。「みんなやらないなら私にも何かチャンスがあるのでは？」「ニッチが空いているのでは?」と漠然と思っていたのである。

後からちゃんと調べれば、当然、衛生害虫としてのゴキブリは、これでもかというほど研究されているし、ゴキブリは神経など生理学的な研究の好材料でもある。誰もやっていなかったわけではない。でも無知とは怖いもので、その仮定を現実と思い込み、自らゴキブリを知るべく私はゴキブリ採集に勤(いそ)しんだ。そうして大学1年生の2月、石垣島でタイワンクチキゴキブリとの邂逅(かいこう)を果たしたのである。

翅の食い合いという現象を知ってすぐさまその研究をしたいと強く思った……と言いたいが、実はそうではない。当時の私は、翅の食い合いにそこまで興味を持たず、それより、クチキゴキブリもマダガスカルオオゴキブリと同じで子育てをするのか!というところに惹(ひ)かれていた。昆虫で子育てというのは珍しかったからだ。

当時の私は、何も分かっていなかった。翅の食い合いの珍しさも、学術的意義も。自分が目にしているものの価値を知るのはもう少し先のことである。

第2章

謎の行動、

翅の食い合い

卒業研究＝背水の陣

「いやぁ、1年後大崎さんの卒業研究がこんなふうに軟着陸しているとは。もぐもぐ」

これは無事に卒業研究が終わり、新年度の研究室新歓バーベキューを楽しんでいたとき、肉を頬張る指導教員、粕谷英一准教授の口からこぼれた一言である。その後も指導学生として合計6年間（九大理学部では学部4年次から研究室に配属される。その後大学院では修士号取得までに2年、博士号取得ま）、までには修士取得後さらに3年の計5年が設定されている。このため、配属時から博士課程卒業までには計6年、博士号取得生態科学研究室に在籍した中で言われた数少ないお褒めの（と個人的に判断した）言葉の一つだ。

指導教員の粕谷さん（指導教員と学生という関係でも「さん付け」で呼ぶことがある。学問を志すという点で平等であるという観点からだ。出身大学の教員だけ「先生呼び」はおかしいと思うので、本書では他大学の教員に対しても「さん」に統一する。ちなみにいつもは先生と呼んでいて、面と向かって粕谷さんと呼んだことはない）には、あまり褒められた記憶がない。私のことを「褒めると調子に乗りやすいタイプ」だと思っていたのかもしれない。褒められて伸びるタイプだと自負しているだけに残念である。いや待て、単純に褒めるところがあまりなかった可能性もある。ショック。

卒業研究は一発勝負な一面があって、ただでさえ指導教員は心配するものだ。しかも、急にクチキゴキブリなどという教員自身が扱ったことのない研究対象をやります、なんて言う学生が来たのだから、例年以上に注意深く見られていたのかもしれない。

卒業研究をしている最中は、そこまで不時着を心配されていたとは気づかなかったのだが、粕谷さんは、私がちゃんと翅の食い合いのデータを取れたことを、なんだか嚙みしめるように振り返っていた。いや、あれはただ単に肉を嚙んでいただけか。

大学は一般的に、卒業研究を行い、卒業論文を提出することで修了する。卒業研究を行うために3年次、もしくは4年次に研究室に配属され、大学教員の指導を受けて研究を開始するのが普通である。九州大学理学部生物学科における研究室配属は、4年生の4月。つまり、卒業研究は4年生になったと同時に、よーい、ドン！で始まるのだ。

しかし、考えてもみてほしい。これまで研究のケの字もやったことのない学生が、配属されたからといっていきなり4月に研究テーマを与えられ（実際はある程度の選択肢があることが多い）、この夏で実験してデータ取ってね、と言われる。

実験に失敗しても、来年はない（留年すれば別だが、普通は選択肢に入れないものだ）。でも、データが取れる保障もない。そう、現代において、背水の陣とは卒業研究に1年しか与えられなかった卒論生のための言葉と言っても過言ではない。卒論とは過酷である。

しかも私の場合、教員から与えられた研究テーマではなく、自身で持ち込んだ研究テーマである。つまり、教員だってクチキゴキブリの素人ということだ。採集方法も、実験方法も、飼育方法も、すべて自分で見つけるしかない。真っ先に問題になったのは、クチキゴキブリをどこで調査・採集するか、であった。

日本産クチキゴキブリ2種のうち、翅の食い合いを行うのは、長い翅を持つタイワンクチキゴキブリ1種のみ。新成虫は5〜6月に出現する。実験の都合上、羽化前の終齢幼虫（成虫になる直前の幼虫）を採集する必要があるので、4月中には採集に行かねばならない。そして、タイワンクチキゴキブリは奄美大島以南にのみ分布している。だから、採集するには離島に行かなければならない。そんなことは分かっている。それを承知で研究テーマにした。むしろ南西諸島に行けて「ルンルン♪」である。問題はそこではないのだ。いや、少々遠いということは確かに問題なのだけれども、メインの問題はそれではないのだ。最大の問題は、「調査地」として最適な場所を下見もなく決めなければならない、ということだった。

調査地。それはただ研究対象が生息している土地ならよいわけではない。生態学の研究では、十分なデータを得るためにたくさんの個体数が必要となる。私の研究の場合は、翅の食い合いをするペアを観察し、1ペアで1サンプルとする。つまり2頭でやっと1サンプルなので、より多くの新成虫（今年羽化した成虫）が必要だった。

しかも終齢幼虫を採集し、実験室で羽化させて観察に用いるため、幼虫のまま死んでしまったり、羽化不全（羽化に失敗）したりする個体がいることを見越して多めに採らねばならない。したがって、ある程度のコロニー数が採れる場所であることが重要だ。

加えて、研究拠点として宿泊施設と採集地が近いこと、地元の方の住民感情が研究者に対して穏やかであること、治安が悪くないこと……などなど、調査地を選定するために考慮すべきことは想像以上にたくさんある。研究者が人間である以上、住民感情とか治安とかを無視する訳にはいかない。

野外調査で一番怖い生き物、それはハチでもクマでもハブでもない。人間である。自身と互角の力と頭脳を持ち、武器を持っていることもあれば、社会的に攻撃されることもある。これまでに出会った中で一番怖かったのは、学部2年の3月にマレーシアへ生物研究部で採集に行ったときである。

皆で夜に、キャンプサイトのような場所でゾウのフンをつついてオウサマナンバンダイコクを探していたとき、ライフルを携えたおじさんに出会った。おそらく施設の見回りの方だったのだろう。今でも鮮明に覚えている。最初に遠くで先輩が声をかけられ、英語が聞こえるほうに行ってみると、日本では絶対に出会わない格好の人間が立っていて度肝を抜かれた。

内容は「センターで受付してくれ」という至極平和なものだったのだが、漂う雰囲気が平和じゃなさすぎて、最初何を言われているのか全く聞き取れなかった。死線と虫刺されをいくつもくぐり抜けてきたようなごつごつとした皮膚と、いつでもサッと構えられるように肩に掛けてある銃から目が離せなかった。

幸い、フィールドワークでこの体験以上に人間に恐怖を覚えた経験はまだない。フィールドワークとは、データや対象を持ち帰ることが最重要課題ではない。無事に本人の命を持って帰ることが一番大事なのである。

クチキゴキブリ研究の調査地として考慮すべきことはいくつもあり、現地で下見しないと分からないような項目ばかり。普通なら教員と下見に行き、お世話になりそうな人に挨拶して……という段階を踏むのだろうが、よーいドンで4月から始まった卒業研究。でも4月中に採集に行かねばならない。ゴキブリは待ってくれないのだ。

「え、もしかして、下見する暇ないのでは？」

これまで各離島でクチキゴキブリの採集経験があるが、調査地として耐えうるほどの個体数がいるか、周辺状況かという観点では見てこなかった。自身では候補地を挙げることもままならない。なかなか温まらないエンジンよろしくウンウンうなっていたところ、幸運なことに、指導教員である粕谷さんから紹介していただいた松本忠夫博士より「琉大の演習林ならばいいと思う」と助言をいただいた。ようやく、沖縄本島のやんばるにある琉球大学演習林「与那フィールド」に白羽の矢が立ったのだった。

いざ、野外調査へ

松本博士は東京大学名誉教授で、クチキゴキブリをはじめとした食材性ゴキブリ（腐朽材を食べるゴキブリ。食用ゴキブリではない）やシロアリを扱う専門家である。クチキゴキブリの翅の食い合いについても既にご存じで、しかし翅の食い合いについての論文は発表されていなかった。

ぜひ研究してください、ということで、調査地の助言だけでなく、クチキゴキブリの生態についてまとめられたご自身の過去の学生の修論を教えていただくなど、非常にお世話になった。私がオンラインで研究発表をする際には、いつもお忙しい中、聞きに来てくださり、ありがたい限りである。

粕谷さんは私がクチキゴキブリをやると決まったその日の会話で「では、まっちゃんを紹介しよう」と言って、相談したいことがあれば松本さんに連絡を取ることができるようにしてくれた。松本さんを私に紹介してくれた粕谷さんは、おそらく10歳以上は年上である彼のことを「まっちゃん」と呼んでおり、最初は少し驚いたが、様々な意味で非常に興味深い思い出話をいろいろ聞かせてくれたので合点がいった。しかし本書の治安維持のために詳細は控えようと思う。実は、私はまだ直接松本さんにお会いしたことがないのでいつかお話ししてみたいと思っているのだが、興味深い思い出話から察するに、気さくな先生に違いない、と勝手に想像している。

松本さんからの「与那にするのです……」という天啓の如き助言により、「あとは行くだけ☆」としたかったが、そうはいかなかった。次に立ちはだかった壁、それは私が「1人で」調査に行くという点だった。

野外調査には危険が伴う。たとえ銃を背負ったおじさんに会う危険がなかったとしても。2人以上で行けば有事の際に誰かが助けを求めに行くこともできる。1人と2人の違いは天と地ほどの差がある。もしものときの命運を分けるのだ。しかし、研究室の教員は他にもたくさんの指導学生を抱えており、誰も私に同行できる人がいなかった。私がこれまで数々のフィールド経験を積んできたということもあり、とりあえず単独で向かって様子を見ることになったのである。

与那フィールドは琉大農学部に所属する演習林の一つだ。琉大の教員である高嶋敦史助教と技術職員の方が3名、その他事務員の方などが常駐している。普段、技術職員の皆さんは林道整備や定期的な生物相調査、受託された調査などを行っている。たまに、私のような研究目的の滞在者が作業補助を申請する場合があり、そのときには通常の作業と折り合いをつけて協力してくださる。

演習林の利用申請の際に「1人で行きます」と伝えたところ、「なるべく誰かと来てくれないか」と最初は言われた。今考えれば、当然のことだ。卒論生なんて研究を始めたばかりでフィールド経験がないのが普通であり、しかも女性であり、それなのに単独で乗り込んでくるというのだから。本当に大丈夫か、体力はあるのか、経験はあるのか、採集できるのか、と思われるのは仕方がなかった。

しかし、「心配いりません」とメールに書いたところで、先方の心配がこれっぽっちも減らないのは明らかだ。それに、自分で大丈夫と言う人はむしろ信用できない気がする。下手に説明するよりも、現地で私を見て判断してもらったほうがいい。

結果的に、演習林では技術職員の方が一緒に作業してくれたため、完全に単独での採集は最低限に留めることができたし、1人で入林する場合は無線も貸してくれた。なんと手厚い……なんとお礼を言ったらいいか。後に聞いたところ、高嶋助教がなんと九大の卒業生で、技術職員の方々が「日頃お世話になっている高嶋先生の後輩だからどうにかしてあげよう」と言ってくださったそうだ。やはり研究は、人間同士のやりとりの上に成り立つのだな、と認識した瞬間である。与那フィールドを選んでいなかったら、初っ端から私の研究は頓挫していたかもしれない。

予想外に強行突破な幕開けとなったが、とりあえず早く採集しに行かなければ終齢幼虫が採れないし、卒業研究全体に支障が出る。もしかしたら、やっぱり1人じゃ演習林に入れられないと言われるかもしれないが、ひとまず行ってどうにか玄人感をアピールし、認めてもらう他あるまい。

時にはハッタリも方便だ。フィールド慣れしている雰囲気を最大限に醸そうと、使い込んで使用感たっぷりの採集道具たちを一つも新調せずに荷物に詰めこんだ。虫取り網も一番茶色くてきったないやつを選んだ。金属製の蚊取り線香ケースもベコベコに歪（ゆが）んで内側にヤニのベットリ付いたやつを、長靴も傷だらけで今にも穴が開きそうなやつを、持っていった。実際にこのボロ長靴は調査中に穴が開き、与那で捨てることとなった。

粕谷さんから、

「現地でどうしても調査させてもらえない事態になったら連絡せよ、そのときは私が行く」

そう言われ、単独、那覇行きの飛行機に乗り込んだのは、卒業研究開始からたった14日目のことであった。

翅の食い合いとは何か？

著者が研究している「翅の食い合い」とは何か。

これがもう本当に謎の行動で、めちゃめちゃ面白いのだ。翅の食い合い行動は、クチキゴキブリのオスとメスが配偶時に互いの翅を食べ合う行動だ（Osaki & Kasuya 2021）。配偶時というのは交尾前後と言い換えてもいい。

食われた後を見ると、どの個体も翅は付け根付近まできっちり食われており、翅を食うことに対するクチキゴキブリの執念を感じる。当然、付け根しか残っていないので、翅を食われた後は飛べなくなる。昆虫の翅は再生しないので、新たに生えてくることもない。つまり、食われたが最後、一生飛べなくなるのである。

翅の食い合いは、なんと全世界の全生物のうち、タイワンクチキゴキブリでしか見つかっていない。オスとメスが互いの体の一部を取り除き合うとか、奪い合うなどの似た行動すらも報告がなく、本当に例を見ない行動なのだ。凄まじくレアな行動をする生き物、それがクチキゴキブリなのである。

どうして彼らだけが翅の食い合いをするのだろうか？

それを解明すべく私は研究を続けている。そして、おそらく一生かかる。

読者は、レアな行動だから研究しているんだな、と思ったかもしれない。しかしそれは違う。行動生態学において、レアな行動だから研究する意義があるというのは間違いだ。むしろ足枷（あしかせ）になることもある。レアすぎるとデータが取れないからだ。

では、どういうテーマなら研究たり得るのだろうか？　小学生の自由研究ならば「興味を持ったから！」でよいのだが、プロの研究となるとそうはいかない。個人的な興味でしかないテーマは研究ではない。学術的意義が必要なのだ。

学術的意義とは、どうしてそれを研究する意義があるのか？ということである。「これが解明できればこの学問にこのような重要な知見をもたらすことができる。だから研究するのだ」と言えれば、その研究には学術的意義があり、研究する価値があるということになる。生物の生存・繁殖、つまり生きざまを解明する学問である生態学において、学術的意義には「注目する行動や戦略が生きざまに大きく関わるかどうか」が重要である。

翅の食い合いはこの点において、配偶時の行動であること、つまり繁殖に大きく影響していると考えられる行動であることがポイントなのである。翅の食い合いをしなかったら、繁殖がうまくいかないのかもしれない。そうであれば、翅の食い合いは繁殖に非常に大きな影響を与えていると考えられる、といった具合だ。

そして、もう一つ研究に学術的意義を持たせるために重要なのは、「それが分かれば何が言えるのか」である。研究に文脈をつける、とでも言おうか。

ある分野で「新たにこういうことが分かった」と言うためには、まず、論文を読んでこれまでの先行研究を洗い、今までに分かっていることと分かっていないことを把握しなければならない。そしてそこから、分かっていないことのうち、これが分かれば先行研究の知見と合わせてこういうことが言えると発想し、研究を行う必要がある。

「こういうことが言える」というのは、例えば、新しい仮説を提唱できるとか、定説を覆すことができるとかを想像していただければよい。自分の研究は、過去の先行研究とここが違う、そして、この研究は未来の研究にこんな仮説をもたらす、と主張できること。研究に文脈を付加するというのはすなわち、自身の研究を過去から未来に連綿と続く研究の大河のどこに位置づけるか、ということなのだ。

これまでに分かっていることと同じような研究は、その大河にちっぽけな石をぽちゃんと投げ入れるようなものだ。足しにはなるのだが、特に変化はもたらさない。学術的意義のある研究テーマというのは、それによってその大河が方向を変えたり、分岐したりするような研究ではないだろうか。場合によっては新しい水源をドンと設置、みたいな研究だってある。

たった1つの研究で大河の方向を変えるのは難しいこともあるが、一つひとつが積もって岩となり、それに続く研究者も現れ、どんどん大きくなることで、流れを変えていくのだろう。大河の流れを変えることを始めの一投で予感させる研究、それが学術的に「面白い」研究なのである。

翅の食い合いでは、オスとメスの両性が互いに相手を食うわけだが、このような行動は他に一切例がなかった。けれども配偶時の行動であるからして、繁殖に密接に関係しているはずだ。「何かあるに違いない」という匂いがプンプンしていたのである。

翅の食い合いを解明できれば、これまでの雌雄の関係についての研究に必ず新たな知見を投じることになる。クチキゴキブリの翅の食い合いという研究テーマは晴れて、学術的意義の関門をクリアしたのであった。

性的共食いと婚姻贈呈

翅の食い合いに少し似た行動として、「性的共食い」と「婚姻贈呈」というものがある。性的共食いとは配偶相手を食い殺してしまう行動である（Prenter et al. 2006）。カマキリのメスが交尾相手のオスを食べたり、クモのメスが交接後のオスを食べる、などが有名だ。このように、一般的にメスがオスを食べてしまう例が多く、英語ではTraditional typeと呼ばれるほどである。伝統的にメスがオスを食べてしまう行動の研究が多くなされてきたからだろう。

一方で、数は少ないがオスがメスを食べる例もある。これはReversed typeと呼ばれ、クモなどで知られている。オスが小さい老齢のメスと出会った場合はこうして食べてしまうことがあるという。生物において、体サイズが大きくて多くの卵を産む体力のある若いメスのほうが、オスから見て自身の子を残してくれる確率が高いので配偶に成功しやすい。オスの状況にもよるが、老齢メスの場合は、食べてしまったほうがオス自身の養分にもできて適応的なのだと考えられている。

その他、食べる側の性は決まっていないが、体サイズの大きいほうが小さいほうを食べるという例がウオノエ類（魚の口に寄生するダンゴムシのような生き物。タイの口にいるタイノエが有名）で見られる。

こうした性的共食いで一貫して言えるのは、体サイズの大きなほうの性が相手を食うということだ。

雌雄で体サイズや形態に差があることを「性的二型」と呼ぶ。カマキリ、クモ、ウオノエなど例に挙げた節足動物以外にも、どちらかの性の体サイズが大きい生物は多い。メスは、体サイズがそのまま卵数に影響する。腹部が大きければ、卵巣を大きく発達させることができ、メス自身の子の数を最大化できる。

メスのほうが大きい種は、こうした理由で進化すると考えられているものがほとんどだろう。オスのほうが体サイズが大きかったり、クワガタのように武器が発達していたりする場合は、オス同士の闘争のためだと考えるのが一般的である。

しかしながら、クチキゴキブリは、オスとメスで体サイズ差がほぼない。しかも、性的共食いでは相手を食って殺してしまうのだが、翅の食い合いでは翅しか食われない。なんと平和な。クチキゴキブリたちは命だけは許してやろうという慈悲深い結論に、いつも落ち着いていているわけだ。

すると、すなわち翅しか食わないので、食べたところで得られる養分は非常に微量である。性的共食いでは相手個体を丸々食べることが可能なので、養分摂取は常に適応的意義として挙げられるのだが、翅の食い合いの場合は養分摂取と解釈すると少々強引な考察になってしまう。

考察は強引ではなく、着実に積み上げたいところだ。よって、翅の食い合いは「相手の体を食べる」という点では性的共食いに似ているのだけれども、いくつかある相違点から、性的共食いと同じような機能を果たしているとは解釈できないと考えられる。

では、もう一つの「婚姻贈呈」はどうだろうか。婚姻贈呈とは、配偶時に主にエサとなる食べ物などを相手に渡す行動である（Lewis & South 2012）。ここで渡されるもののことをそのまま「ギフト」と呼ぶ。翅がギフトであると解釈すれば、翅の食い合いは互いに婚姻贈呈し合っている行動と考えることができそうだ。

婚姻贈呈は、ギフトを渡すことで相手と交尾でき、繁殖成功率を上げることができると考えられている。これまでに「ガガンボモドキのオスが狩ってきたハエなどをメスに渡してメスが食べている間に交尾する」「外国のキリギリスの一種ではオスにメスが乗っかる体勢で交尾する際、オスが自身の肉質の後翅をメスに食べさせてその間に交尾を行う」などが研究されている。

婚姻贈呈は、たとえ翅のような自身の体の一部を与える例であっても、食い殺されないという点で翅の食い合いと非常に近いように思われる。しかしながら、婚姻贈呈では相手がギフトを食べたり処理したりしている間に交尾する。

ところが、クチキゴキブリの交尾体勢は互いに反対方向を向いておしりとおしりをくっつけるようなポーズなので、相手の背中の翅を食べている間に交尾するのは不可能だ。実際、交尾中に翅を食べているペアは見たことがない。やはり婚姻贈呈も翅の食い合いとは異なると考えざるを得ない。

似ている行動はあれど、やはり違う。翅の食い合いの謎は、また露頭に迷ってしまった。だが、考えてもみていただきたい。既存の行動のどれとも異なるということは、研究すれば必ず生物の生きざまについての新しい発見があるということだ。私がゼロから仮説を考え、解明していくことができる。やっぱり、これは生物「初」なんだ。これ以上ない興奮。これでもない、あれでもない、と候補が消えていく度に高まる期待。「やっぱ自分の研究、最高に面白い」と思う。

私ばかりが自画自賛している気色悪い研究者のように見えるかもしれないが、研究者なんて多かれ少なかれそんなものだと思う。例外がいらっしゃったら申し訳ないので、先に謝っておこう。ごめんなさい。

しかし、自分の研究を自分が一番面白いと思わなくて、誰が面白いと思ってくれるのか。

自身が面白いと思ったからその研究を始めたはずなのだ。それに、学術的意義がある、面白い！と心から思っている研究でなければ、研究なんて楽しいことばかりではないのだから、やってられない。

　知り合いの研究者が「研究なんて辛いことばっかりなんだから、研究テーマくらい好きなものをやらないとやってらんないよ」と言っていた。本当にそうだ。研究は好きなことだけやっていればいいわけではない。苦手な作業もあるし、予算を取ってこないといけない。好きなテーマでないと続かないだろう。

　研究テーマは他にもたくさんこの世に存在するけれど、本人がそれを一番面白いと思うから研究しているのである。自身が一番面白いと思っていなければ、研究発表のときにも熱が伝わらない。人は、なんだか分からなくても楽しそうに話している人を見れば、内容も面白そうと錯覚するものだ。私はこれを、大学の講義で何度も経験した。

　当時、数理生物学研究室の教授だった巖佐庸（いわさよう）九大名誉教授は、講義のときにいつもマシンガントーク＆数式のマシンガンライティングで、学生の間では「新幹線」と呼ばれて有名であった。難解な数式を鮮やかに黒板に展開し、書き終えるとチョークで数式を指したまま、学生のほうにニコーっと向き直り「ね？　こうなるんですよ！」と満面の笑みで解説する。巖佐さんの顔には、いつも「ね？　面白いでしょ！」と書いてあった。

数理生物の内容を私の頭で理解するには、新幹線並みの講義は速すぎて正直ついていけないときもあって、講義が終わってからノートを見返してもチンプンカンプンだったが、それでも「面白い」ということだけは伝わってきて、講義から目が離せなかった。私は巌佐さんの講義スタイルをそのまま受け継いで、今でも学会発表をしている。発表時は、いつだってハイだ。「面白いでしょ！」と顔に書いてある。楽しそうだね、といつも言われるので、褒め言葉として受け取っている。

実は誰も見たことがない

晴れて自分から提案した研究テーマを卒業研究でさせてもらえることになった大崎。研究を始めるに当たり、まずは自分の研究に関係しそうな先行研究（過去の研究）を調べる必要がある。自分がこれから研究するものについてどこまで分かっていて、どこが分かっていないのかをはっきりさせるためだ。

すでに分かっていることをしても研究にはならないし（それは研究ではなく確認だ）、分かっていないことを置いてけぼりにしてその先についての研究をしたら、分かっていない部分を「こうだ」と仮定して実験することになる。しかしこれでは事実という土台がしっかりしていないので、いざその土台を確認してみたら実験すべてがひっくり返ってしまった、なんてことにもなりかねない。

自分の研究テーマの詳細を確定させるためにも、先行研究の洗い出しは必須である。しかし、翅の食い合いについて出版された研究例は一つもなく、研究は開始早々壁にぶち当たった。

「昆虫学会で会った嶋田さんなら、何か知っているかもしれない！」

嶋田敬介さんは石川県立自然史資料館の学芸員で、私は嶋田さんの書かれたエサキクチキゴキブリ（九州・屋久島に生息する翅の小さな別種）の親から子への給餌についての論文を読んだことがあった。その後、九州大学で開催された昆虫学会で、昆虫の親子を語る小集会で招待講演をされると知って、「これは会いに行かねば」と鼻の穴を膨らませながら学会に参加したのだ。当時、私が知っていた唯一のクチキゴキブリ研究歴のある研究者だった。

たどたどしいメールで連絡したところ、親切にもご自身が参考にした論文を送ってくださった。その論文は東大の修士論文で、嶋田さんの師匠（つまり元指導教員）である前川清人さん（富山大学准教授）の出身である松本さん（55ページ参照）の研究室で1988年に書かれたという古い論文だった。

嶋田さん曰く、翅の食い合いについて公に出版された論文は皆無で、唯一あるのがこの未発表の修論だという。確かにそこには、複数のペアをそれぞれ3日間定期的に確認、その後すべての個体の翅がなくなっていたと書かれていた。

しかし、この修論では翅の食い合いの始まりから終わりまでの行動をすべて観察したわけではなかったのである。

「ここは松本さんに連絡しよう」

松本さんは、そのときすでに定年退職されていたが、粕谷さんのもとでゴキブリをやるらしい見知らぬ学生とのメールのやりとりに、いつも「お返事ありがとうございます」と書いてくれる方だった。それから、私もメールの返信には「お返事ありがとうございます」となるべく書くようになった。

翅の食い合いを初めて確認したときのエピソードを聞いてみると、松本さんも翅を食べているところは見たことがなく、オスとメスを同じ容器に入れて一晩置いておいたら、翌日翅がなくなっていた、とのことだった。

「これは、食べ始めから食べ終わりまでに何が起きているか、見た人がいないのではないか？　本当に翅を食べ合っているのだろうか……？」

1988年当時はいざしらず、現代には素晴らしい性能のビデオカメラがある。人間が体を張って1ペアずつ観察しなくてはいけないわけではない。しかも、いつでも証拠映像として第三者に、ほらね！と言ってドヤ顔で見せることができる。便利な時代だ。

　ということで、自分の卒業研究では翅の食い合いのありのままを録画して、どのように翅の食い合いが進行していくかを記載することに決めた。

第3章

三度の飯より

研究

昆虫で生きていく

生きている虫を見ているのが、この世の何より面白い。時間を忘れる。時間だけではない。何もかも忘れて見入っている。人間の生活さえ忘れているので、三度の飯も忘れる。これぞ日常茶飯事。

こういうことを「夢中」と呼ぶのだろう。

これだけはっきりと夢中になれる対象は、誰にでも見つかるわけではないのかもしれない。虫たちに出会えた私は幸運である。

そんな私にとって、寝ても覚めても、動く生き物を見つめて「こんな面白い行動がわかったよ！」と一生言いながら生きていける行動生態学者というのは、まさに天職。それで死ぬなら本望。いつ死んでも悔いはない。

そう言わしめるほど人生を捧げている研究だが、私はどのようにしてこの学問に出会ったのであろうか。なぜ、昆虫だったのだろうか？

もとより鉱物や植物よりも、動物が好きだった。動くからである。単純明快で分かりやすい。

次に、どういうわけか生き物の中でもとりわけ昆虫が好きだった。これについて自分なりに突き詰めていくと、曲線より直線が好きという自身の嗜好性にたどり着く。ここから推察される通り、ヤスデ、ザトウムシなどなど節足動物全般のほうが他のもふもふ柔らかそうな生物より好きだ。ではなぜ曲線より直線なのかと問われるといよいよ謎である。

それから捕まえられること、すなわちこの手に収められることが、もう一つ非常に重要な要素だ。最悪捕まえられなくてもいいから、何かしているありのままの姿をごく至近距離で観察したいのだ。

したがって、昆虫であっても鱗粉が落ちてしまうチョウなど、手で触れると本来の姿を留めておくことが難しい生物にはあまり惹かれない。チョウでも、集団吸水（水辺の地面や砂にしみた水をチョウが集団で飲む行動）のときなどは非常に近くまで寄らせてくれるので、そのときにはここぞとばかりに、彼らのせわしない口吻の動きを這いつくばって眺めている。

そんなこんなで、最初は玄関先のヤスデやダンゴムシに始まり、庭でオニヤンマと一騎打ちし、夏休みは近所の街灯めぐりでカブトムシを採る、そんな子どもに自然と仕上がっていた。

これは親から聞いた話だが、幼稚園児だったある日、テレビに昆虫学者のおじさんが出演していたそうだ。その人は京都大学の教員で、助手として同じ研究室の女性の大学院生

か研究員の人が一緒に出演していたという。その女性を見た私は画面を指差し、

「この人みたいになる」

と言い放ったのだそうだ。ここに、私の人生は決まった。

自身では全く覚えておらず、こんなことを言った記憶もない。けれども幼いながらに「昆虫で生きていく道はないのだろうか」と漠然と探していた気がする。

小さい頃というのは、経験したことを帰納的に積み上げて、物事の定義を自身の中に構築していくはずだ。当時の私はそれまで若い研究者も女性の昆虫研究者も見たことがなく、おじさんしかなれないものなのかな、と思っていた。でもその若い女性研究者を見たことで、疑念が吹き飛んだ結果が「こうなる宣言」だったに違いない。

両親はこの話を私に聞かせつつも、一方で「昆虫は趣味にして仕事は別のことをしたほうがいい」とも言った。特に母は、女性らしい職業（現代においてこういう表現が正しいか分からないのだが）に就いてほしいと思っていたらしく、「例えばだけど、モデルとかやって、実は虫もいけるんです、みたいなほうがいいと思うの」と言っていた。

大学院修士課程くらいまではまだその望みを持っていたらしいのだが、博士課程になって学振ＤＣ１（136ページ参照）として給与をもらい、仕送りを断るようになってから何も言わなくなった。

曰く、本当に昆虫学者になるんだ……と思ったから、だそうである。

それに、叔父が幼稚園の卒園祝いにハンディ昆虫図鑑を2冊くれたことも大きな影響を与えてくれたと思う。初めて大人向けの図鑑を見て、これ以上の図鑑はないと思い込み、ことあるごとに読んでいた。そして遂に、図鑑の解説の中に「生態」という言葉を見つけるのである。

私はすぐさま「生態」という言葉と、それに連なる知識に魅了された。種名や分布情報とは違い、生態にはストーリーがある。つまり、動いている彼らを想像できる。そうしていつの頃からか、「生態学」という言葉は私の目に魅惑的に映っていったのである。

「生態学がやりたい」

そう思って九州大学の門をくぐったのは、それから12年ほど経った頃であった。

こんなはずじゃなかった

九州大学理学部に入って最初の「生態学」の授業は、1年生の後期に開講された。前期は遺伝学や分子生物学の授業ばかりだったこともあり、ようやく待ちに待った授業だと意気込んでいた。

2限目開始の10時半、時間どおりに席につく。間もなくして生態科学研究室の矢原徹一教授が現れた。いよいよ始まるのだ。

老眼鏡を鼻の先端に載せ、メガネの奥からメガネを介さずに皆を見つめながら、矢原先生は開口一番こう言った。

「留学生がいると思いますので、日本語の後に英語で同じ内容をしゃべります」

授業には、韓国からの留学生が3人いた。しかし、韓国から来たエリートたちは本当にみな優秀で、我々は彼らと話すときに英語を使ったことが一度もない。そういえば留学生って英語で話すのが普通だったわ、とそのとき気づいたほどだ。つまり、授業は英語の解説なしでも問題ない。

僕たち大丈夫です、と彼らは申告した。矢原先生は顎をぐっと引いて鼻先に掛けたメガネの奥から鋭い眼光で彼らを射貫き、「そうですか?」と反応したものの、いろいろ言った挙げ句、結局英語の解説を付けるという従来の方針を曲げなかった。「トレーニングになるから」というようなことを言っていたような気がする。その前に「自分の」と付いていたような気もしないでもない。

日本語で説明をした後、英語で繰り返すので、授業は通常の2倍かかった。しかし、そんな授業はこれまでなかったので、「おお、大学の専攻の講義だ」と少々感動したのも事実である。

そしてこの方式には、もう一ついいポイントがあった。研究者の英語は発音が流暢でなくてもいいという発見ができたことだ（もしかしたら日本人学生に聞き取りやすいようにしてくれていた可能性もある）。大学教授は皆、ネイティブのような英語を話すと思い込んでいた私には青天の霹靂だった。

教授がカタカナ英語じゃダメだろう、と思うかもしれないが、そんなことはない。現に大学教授は、世界の第一線で活躍する一流の研究者だ（稀に例外がいるので気を付けられたし）。したがって、その英語で世界の研究者とディスカッションし、国際学会で発表し、現在に至るまで研究を発展させてきた実績がある。私は大いに励まされた。英語ネイティブでない様々な国や地域の研究者たちが操る科学英語はブロークン・イングリッシュである。世間一般に言う英語のうまさは、研究者の絶対条件ではないのだ。言語は手段であり、伝えたいものがあってこそ存在意義がある。英語の得手不得手より大事なのは、伝えたいことが自分の中にあるということなのだ。

さて、こんなふうに始まった授業もつつがなく進み、第1回の講義を終えた。しかしどうしたことか、あれほど待ちわびていた講義だったにもかかわらず、私はこの講義に惹かれなかったのである。研究を始めてから振り返ると、講義内容は個体群生態学（個体数の増減や種の多様性などを扱う）や植物生態学（植物の生存・繁殖戦略を扱う）の内容で主に構成されており、行動生態学に興味のあった私のストライクゾーンからは外れてしまっていたのだ。

「もしかして、自分のやりたかった学問は生態学ではないのか？」

幼少の頃、図鑑に載っていた「生態」を追い求めたい……これは間違いない。漠然とそういう学問を生態学と呼ぶのだと思っていたが、その認識が甘かったのである。

「自分の興味がなんという名前で呼ばれる学問なのか、探さなくては」

そうして私は九州大学の中央図書館へと向かった。

自分が研究したい分野はなんという名前の学問なのか。そもそも「生態学」という名前が付かない可能性もある。名前がわからないものはネット検索しようがない。ならば泥臭く、ということで、大学図書館の書架を見に行こうと考えた。

分野別にまとめられた本が並ぶ棚をなめるように探せば、どこかに興味惹かれる一角が現れるのではないか。幸い、専攻の講義が行われていた、今はなき箱崎キャンパスの理学部棟は、九州大学中央図書館に隣接していた。伊都キャンパス移転後も理学部は理系図書館が隣接していて、文献を抱えて行き来する身としては非常にありがたい立地である。理学部万歳。

ともあれ、九大の一番大きな図書館に簡単に通うことができるこの地の利を活かそうではないか。箱崎の中央図書館は5階建てであり、2階にエントランスがある。生命科学系の分野は2階に教養系の図鑑などを置く書架が、3階により専門の教科書などを置く書架があった。2階の書架に入っていた大型図鑑の『日本産タマムシ大図鑑』(大桃定洋・福富宏和著、むし社)や『日本のネクイハムシ』(林成多著、むし社)を眺めたのはいい思い出である。3階にはマクロ生物学が1つの書架にまとまっていて、その書架の通路1列だけは、右の通路とも左の通路とも違って見えたものだ。宝の山のような。

その通路を仁王立ちで眺める。この中に自分がひどく惹かれる内容があるはずだ。そう思うとワクワクした。いざいかん。

「このどこかにあるはずだ」

意気込んで片っ端から本をめくっていったが、この作業は自分の高揚感とは裏腹に大変なものであった。先ほどまで胸いっぱいに膨らんでいた期待感が、早くもしぼみかけてシワシワになってきた。たかが書架1列といえど、その数は軽く数百冊あったはずだ。この膨大な蔵書をなんの作戦も立てずに真正面から見ていこうというのだから無理もない。

しかし、最初は作戦の立てようがなかったのである。とりあえず生態っぽいやつを開いてみればいいやと思っていたのだが、書架全体が生態っぽかったのだから。ある一冊を開くと、いきなり数式が並んでいて泡を吹いた。またある一冊は、メインテーマである○○学を既に知っている読者を想定しており、学問の説明をすっ飛ばしていきなり内容に入っている。

でも、専門書というものは普通はそうだ。その本に何が書いてあるか分からないのに、片っ端から本を開いてみる酔狂な人間など想定されていない。ウンウンうなりながら何冊もの本のまえがきに跳ねのけられ続けたが、あるとき、あの有名な『ソロモンの指環(ゆびわ) 動物行動学入門』に行き当たった。

『ソロモンの指環』は、行動学の祖の一人と言われるコンラート・ローレンツが書いた研究手記であり、コクマルガラスをはじめとした鳥類やその他の動物を真摯(しんし)に観察するローレンツの様子とその考察が読みやすい語り口で書かれている。彼はその観察から、鳥類のヒナが孵化後数分のうちに見た大きな動物を親と認識するという「刷り込み」を発見した人でもある。

ローレンツは、何も知らずにハイイロガンの卵の孵化の瞬間をまじまじと観察していたら、生まれてきたヒナに親と認識され、その後もずっとハイイロガンの親としてヒナに泳ぎ方などを教える羽目になった。池に肩まで浸かって顔だけを水面に出し、そのモジャモジャ頭を2羽のハイイロガンに両サイドからついばまれている写真が有名である。面白いので、見てみてほしい。

『ソロモンの指環』は有名な本なのでタイトルは知っていたが、実際に読んだことがなかった。物心ついたときから昆虫が好きだったので、鳥の話はいいや、と思っていたのかもしれない。しかしそれは間違いであった。

研究対象が違うからといって参考にならないと決めつけるのは非常にもったいない。というか、むしろ、別の生き物を扱った話にこそ、研究のヒントが転がっていることが多い。この洞察は今の研究生活にも役立っている。

読んでみて、正直、考察が少し飛躍していたり、ちょっと雑だと感じる部分はあった。しかし、ローレンツがどのページでも真摯にその生き物だけを見つめ、真剣に考察している姿は、当時の自分に大事なことを思い出させてくれた。

ああ、私はファーブルみたいな研究がしたかったんだった。

観察したいのは「生きた虫」

『ファーブル昆虫記』。遠く離れたフランスのおじさん、ジャン=アンリ・カジミール・

ファーブルが書いた本なのに、日本では誰もが知っている。生き物好きが人生で一度は遭遇する書籍である。

中学1年になったとき、祖母が『完訳 ファーブル昆虫記』（奥本大三郎訳、集英社）を買ってくれて、それから続巻が出るたびに送ってくれた。飼育、解剖、行動観察。緻密に昆虫を観察していくファーブルの姿勢を見たとき、言語化できなかったけれど「ああ、これだ」という強い確信と憧れを抱いていた。

しかし中学を経て時が過ぎ、ファーブルの影は徐々に薄くなっていった。高校でも生物部に入り、マダガスカルオオゴキブリを飼育し続けていたが、毎日のように出される課題の山に生き埋めにされていた。好きなことに脳みそを割く余裕がないまま、「生態……」とうわ言のようにつぶやきながら大学受験をした。

結果的に、今、好きな研究ができているのだから間違ってはいなかったのだが、この志望校選びが最善の方法だったとは言い難い。読者の中に大学受験を控えた研究者の卵がいたら、大学の研究室と先生の研究テーマをよく調べてから志望校を決めてほしいと思う。

大学では、生物研究部に入り、昆虫採集と標本作成などの技術を身に付けた。大学に入ったら本格的に昆虫採集を始めようと心に決めていた私にとっては念願の場であった。日本における昆虫学は専ら分類学であると言ってよい。分類学の研究者は標本を作ってから観察するのが仕事なので、採集したら即時に殺して標本を作る。私が生物研究部で叩き込まれた昆虫採集の基礎も、これに則っていた。採集に行くときは常に毒ビンを携え、採った虫はその場で毒ビンに突っ込む。この毒ビンというものは、中に酢酸エチルという虫にとっては毒になる有機溶媒を染み込ませたコットンやティッシュが入っていて、それで虫が死ぬようになっているのだ。

殺して標本にするのが普通の昆虫採集と教わったことで、生きた虫をじっくり観察することがなくなってしまっていた。私は昆虫採集が楽しめなくなっている自分に気づいた。

「自分は虫好きではなかったのだろうか？」

いいやそれは断じて違う。虫が好きなのは事実だ。幼少の頃の記憶がそれを裏付けてくれている。では、この違和感はなんなのか……？　自分では答えが出せずにいたのである。

そんな折に出会ったのが、中央図書館の書架にあった『ソロモンの指環』であり、ようやく私は、ファーブルという原点に立ち返ることができた。

最初は自分の興味のある事柄に繋がる何本もの糸で作られていた紐が、いろいろなものに揉まれる中で擦れて解けて最後の1本の糸になってしまって、それを見失う前になんとか手繰り寄せられた、そんな感覚であった。

はて、結局、私はどこで「行動生態学」という名前を知ったのだろうか。『ソロモンの指環』で知られるローレンツの研究は「行動学」として知られる。これがやりたい学問か、と聞かれると、なんだか違うような……と思った。しかし一方、ファーブルについては昆虫記という表記しかなく、彼の研究が今日のどの学問に位置づけられるのか、即座には分からなかった。

「行動学より生態学のほうが、字面はかっこいいけどなあ」

などという不埒な感想を抱いてしまったのは、生態という言葉に過剰な憧れを持ってしまっていたためだろう。

しかし、行動学のほうが自身のやりたいことに近いことには最初から気づいており、名前はともあれ、行動学を主軸にしたほうがよさそうだと考えた。

「だったら粕谷先生のところに行ってみよう」

九州大学理学部生物学科生態科学研究室に、昆虫の行動をやっている先生がいる、というのは前もって研究室訪問した際に聞いていた。行動なら、その粕谷先生に聞きに行けばよいのではないか？　そうだ。そうしよう。善は急げだ。

こうして大学2年生の3月、行動生態学の門戸を叩いたのであった。

すべては生で向き合うことから

三度の飯より「行動」を眺めているのが好きな自分にとって、研究で昆虫の行動をひたすら見ていればいいというのはまさに天国だった。生き物を見ているときの私の脳内は、じっくり見つめている外見に反して非常に騒がしい。

「こんなところに毛が生えてるんだ」

「どうして毎回この動きをするのだろう」

「脚の棘って動くのか！」

ある事柄を見つけて、彼らがそれをどう使うのか観察し、その働きについて考える。するとまた違う動きを発見する……を無限にリピートしている。もうこれは、ある種の瞑想といえるのかもしれない。疲れた一日の終わりにゴキのお世話だけはやらなきゃ……と重い足取りで飼育部屋に向かったとしても、彼らの動きを見ているうちに疲れが吹っ飛んでしまう。どんなビタミン剤よりも偉大だ。「缶に入った赤い牛」をも凌ぐ効き目である。

こうして日々彼らを観察することは、はたから見れば遊んでいるように見えるかもしれない。いや、たしかに遊んでいる。しかし、この遊びこそが研究に重要なのである。

毎日見ていると、彼らの日常が非言語的に分かってくる。歩き方、体の色、感触、人間の手を押し返す力、脚の棘の鋭さ。なんの目的もなく眺めたり触ったりしているときこそ、こういう些細（ささい）な点に気づくことができる。そして、それがちょっとした考え方の変化や謎を解明するヒントにつながるのだ。

日々、研究対象に触れているからこそ得られる「勘」のようなもの。研究対象に生で向き合うことが、行動生態学者の発見を生むのだ。そしてこれには、時間が無限にある子どもの頃に生き物とどう接していたか――幼い頃に養われる感性も関わっているように思う。

小学校3年生の頃、保護者面談で塾に行かせるか悩んでいた母親に対して、担任の先生は、

「勉強しろと言えばすると思います。でも、今は遊ばせてあげてください、思う存分」

そう言ってくれたという。私はこの先生のおかげで毎日勉強もせず、近所の空き地で遊ぶことができた。それがあったからこそ、こうして今研究の道に進めていると思う。本当に感謝している。

ゴキブリにある小籠包

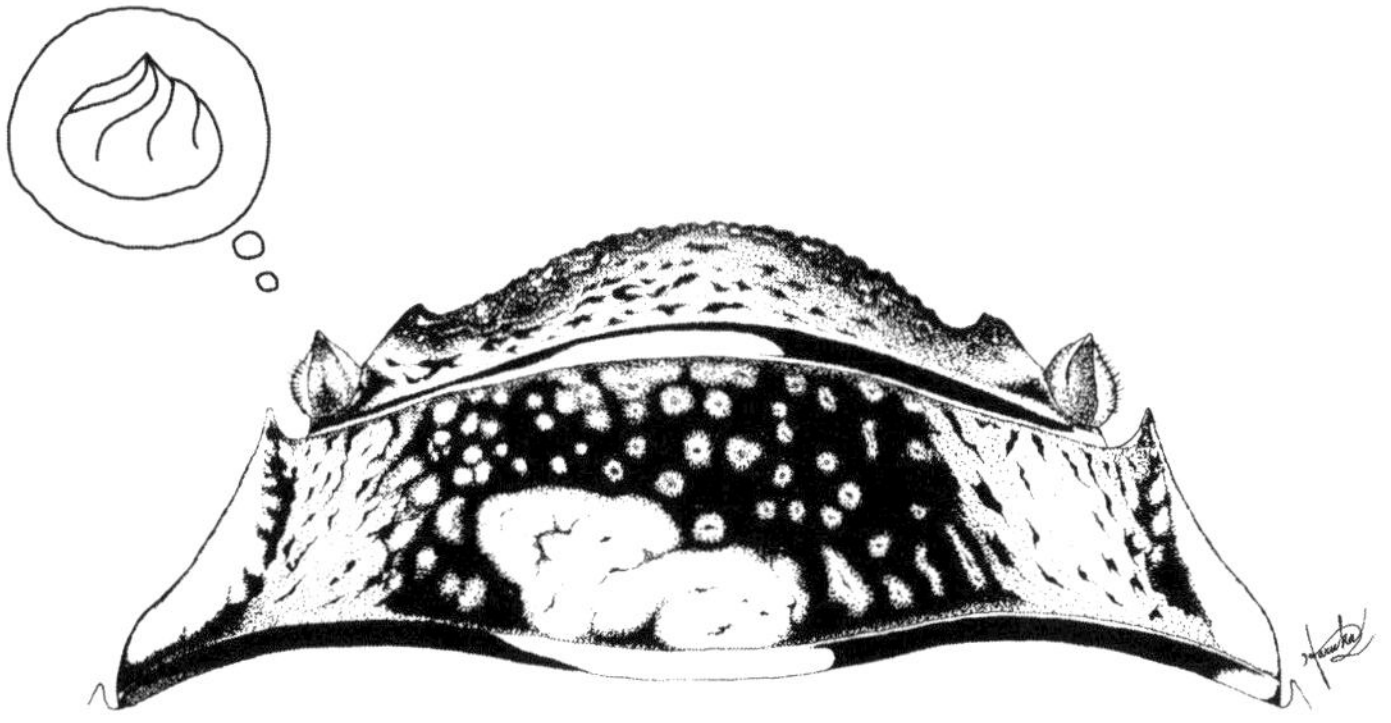

これは本物の小籠包ではなく、尾角（Cercus）と呼ばれる感覚器官である。ゴキブリ科のゴキブリ（例えばクロゴキブリ）ではもっと長いが、クチキゴキブリは尾角をぎゅっと縮めて小籠包を作ってしまったようである。まっすぐ誇らしげに天を突いている小籠包の後面には無数の感覚毛が生えていて、これで風圧や風向きを知覚できる。侵入者の気配やトンネルの隙間風などを感じるのに役に立っているのだろう。

第4章

クチキゴキブリ

採集記

いきなりの単独調査

タイワンクチキゴキブリが生息しているのは、奄美群島以南の南西諸島。サンプルを得るにはそのうちのどれかの島に遠征に行く必要がある。幸い、私は奄美、沖縄、石垣、西表の各島での採集経験（趣味）があったので、行くことに抵抗はなかった。

それどころか、大手を振って離島で虫採りができることを小躍りしながら喜んでいた。しかし、教員サイドにとっては悩ましいものであったらしい。

当時の私は「そんなの1人で行きますよ？」と何も知らずに思っていたが、単独の野外調査というのは、2人での野外調査に比べて危険度が跳ね上がる。調査地が琉球大学の演習林であり、完全に現地で単独ではなかったことが幸運だった。急に調査に来ると連絡をよこした卒論生を受け入れてくださり、演習林の方々には今でも頭が上がらない。

持ち込みの研究テーマにはもう一つ、越えなければならない壁があった。それは、旅費が原則自費になるということだった。しがない大学4年生に降りかかる自腹。

研究室には、大学から振り分けられる予算と、教員の外部競争資金（科研費とも言う）の2つが主として存在しており、学生でも教員が許可すれば、これらの資金を使って研究に必要な機材や実験道具を購入したり、調査に行ったりすることができる。このうち、教員の外部競争資金は、教員が自身の研究テーマで申請して得た「その研究テーマにのみ使用できる財源」であることが多く、教員からその研究に関わるテーマを与えられていない限り使うことができない。

もう一つの大学から振り分けられている予算だが、これは主として研究室の共用物を購入するときに使用されることが多かった。例えば、行動を記録する研究なら誰もが使うであろうビデオカメラや、Wi-Fiルーター、共用パソコンなどだ。したがって、これも学生1人しか行かない調査で、しかも独自の研究のために使うことはおいそれとはできないのである。

「なんということだ。ここでバイトをしていなかったことを悔やむことになろうとは……」

私は、学部3年の夏以降、アルバイトをふっつりとやめていた。理由は単純だ。自身の人生の時間を無駄にしているようにしか思えなくなってしまったからである。

これは大崎の場合はそう思った、というだけであって、アルバイト全体を批難しているわけではない。しかし、まとまった金額が手に入るからと、例えば休日に一日中シフトを入れたりしていると、ふと休憩時間になったときに「私は何をしてるんだろう……」と思ってしまうようになっていたのである。私のやっていたアルバイトは、ありがたいことに顧客からはお礼を言われ、やりがいを感じないわけではなかったのだが、それだけ私は自分のことを考える時間が当時からほしかったのだろうと思う。自分の外側に目を向けたり、誰かのために働いたりするのは、自身の内側を十分に見つめたと思ってからしか満足にできないものだと思う。

ゴキブリと同じで、自身という研究対象も深く掘れば掘るほど、気づきと未知の領域が出てきて飽きない。だから、バイトをしていなかったことを後悔はしていない。ただ、自腹が辛いことに変わりはない。

しかしだ。こういうことは自身で判断してしまわずに教員に相談したほうがいい。何事も報・連・相（報告・連絡・相談の略語）だ。学生のとき、一番意識していたのは自身の状況をいち早く正直に先生に伝える、ということだったかもしれない。

生物でも、運命共同体になった個体同士、難しい言い方をすれば適応度を共有した者同士は、相手に自身の状態や要求を正直に伝達しようとする。よく例に挙げられるのは、親子間のコミュニケーションで、例えば鳥類のヒナによるエサのおねだりである。この場合、ヒナにとっておねだりするとエサがもらえて生き残れる。親にとってはエサを与えれば自身の子が生き残ってくれる。つまり、親と子は運命共同体ということだ（実際はもっと複雑で完全な運命共同体ではないことが多いので、これは非常に簡略化した関係だと理解していただきたい）。この場合おねだりはヒナの空腹を示す正直なシグナルである。

運命共同体である場合、クチキゴキブリのような両親で子育てをする生き物を例にすると、オスとメスは交尾の後も一緒にいて、巣を作って、共同で子育てをしていく。この場合、例えばオスが見栄を張って、実は負傷しているのにメスに自身の状態を伝えなかったとしたらどうなるだろうか。

最良のコンディションのときよりも養育能力が下がっていることをメスは認識できず、オスが今まで通り養育機能を果たしてくれることを前提に動く。そうすると運が悪ければオスが倒れ、メスに過大な負担が来てメスが倒れ、終いには子が死んでしまう、という未来が待っている可能性がある。

したがって、運命共同体を営む個体同士は自身の状態を相手に正直に伝えることで、共同体として有利になるのだ。学生と指導教員の場合、教員は学生をきちんと卒業させることが責務の一部だし、学生だって卒業したい。その点で両者のゴールは一致しており、運命共同体といえる。まあ、学生が1人でない限り完全なる運命共同体ではないのだが、その点においては、ということだ。

よって、自身の体調が悪かったり、実験がうまく行っていなかったりという悪い状態でも、正直に報告することで、先生のほうもこりゃいかんと感じて責任の一端を担う立場として助言してくれるのだ。

そもそも、こんな運命共同体などと小難しいことを考えなくても、教員は学生よりも経験豊富であるから、俯瞰（ふかん）して研究というプロセスを見てくれているはずであり、学生が自分で抱え込むよりも相談したほうが遥かにいい。もし自分で考えなくてはいけないことを相談したとしたら「それは自分で考えるべきことだよ」と教えてくれると先輩も言っていた。

そんなことで、小さい頃から他人に頼み事ができず自分一人でやりがちな傾向のあった私ではあったが、先生には自身の状況を知ってもらわないといかん、という思いでなるべく先生に会うように意識した。会話の中で細かい相談をしたり、時にはミーティングを申し込んだりというアクションを意識して、研究室配属から学位取得までの6年間を過ごした。私と指導教員の粕谷さんの間では、これは機能していたと思っている。何より、教員は指導学生に責任がある、と私に教えてくれたのは粕谷さんだった。先生の部屋での会話で私が学んだことは大小様々、実に膨大であったように思う。

調査というのは先生の研究費で一緒に連れて行ってもらえるものだ、と先輩たちはよく話していた。大学の先輩たちは同じ研究室の教授の矢原さん（78ページ参照）に指導してもらっている人が多く、研究調査でベトナム、ラオス、カンボジアといった東南アジアの熱帯多雨林に連れて行ってもらっていることもしばしばであった。

では、自分のように先生とは違う研究をする場合は？　しかし、趣味の旅行でもないのに資金が出ないというのも……と悩んだ大崎は、とりあえず相談ということで粕谷さんの部屋に向かった。

コンコン。

「はーい」

「先生、大崎でーす……」

「おお、大崎さん。今日も重苦しく登場」

粕谷さんは、私がノックして入ってくるときの第一声「先生、大崎でーす……」のトーンが低いといつも言っていて、たまに「重苦しく登場」と笑っていた。私としては、そんなどすの利いた声で登場しているつもりは全くもってなかったのだが、なぜだろうか。

粕谷さんは大崎の「調査費は出るのか？」という問いに対して、はっという顔を一瞬見せ、次の瞬間、

「出せないんだけどね、そのための私の貯金があるから」

と言った。

「？」

つまり、簡単に言うと研究費は用途が限られており、粕谷さんの研究とかけ離れた研究テーマであるクチキゴキブリには使えないが、粕谷さんのお財布から出してくれるということであった。しかも、沖縄往復の交通費と現地のレンタカー代を支払って余りあるほどの金額を、先生は用意していた。

おかげで私は、その翌年の修士1年次の調査も、この粕谷ポケットマネーで調査に行かせてもらったのであった。この粕谷さんの貯金は大崎の調査だけでなく、公費での購入を受けてくれない業者から物品を購入しなくてはならないときや、年度末・年度始めなど予算が使えないとき（事務手続きの都合である）に調査や飼育などにどうしても必要なものを買うために、貯めてくださっていたものであった。

ちなみに、この2回で粕谷さんの懐にあまり余裕がなくなってしまったので、修士2年次の調査は自費で行った。クチキゴキブリは朽木しか食べないと思っていたが、金も食う虫だったということである。研究室の研究テーマをやらないというのは、そういうコストも時に伴うのである。

クチキゴキブリ、脱走する

やんばるは、学部3年生の10月に一度行ったことがあるだけ。そのとき、クチキゴキブリは採集していない。しかも、今回お世話になる琉球大学の演習林「与那フィールド」には初めて行く。一切の下見がなかったので、奄美大島でリュウキュウクチキゴキブリを採集した経験と記憶を頼りに採集道具を見繕う。

奄美と同様、ハブがいるから絶対に長靴の装備は必要。できれば鉄板の入った長靴を、と言われる。研究室では地下足袋を愛用する人も多かったが、長い毒牙を持つハブの前で、あんなピッチリした足元を晒そうものなら一発で牙を貫き通されてしまうだろう。その次は、朽木を割るための道具。ナタを使う人が多いが、私は2年生のとき石垣島の「メイクマン」（沖縄で最もポピュラーなホームセンター、非常に優秀）で購入した手

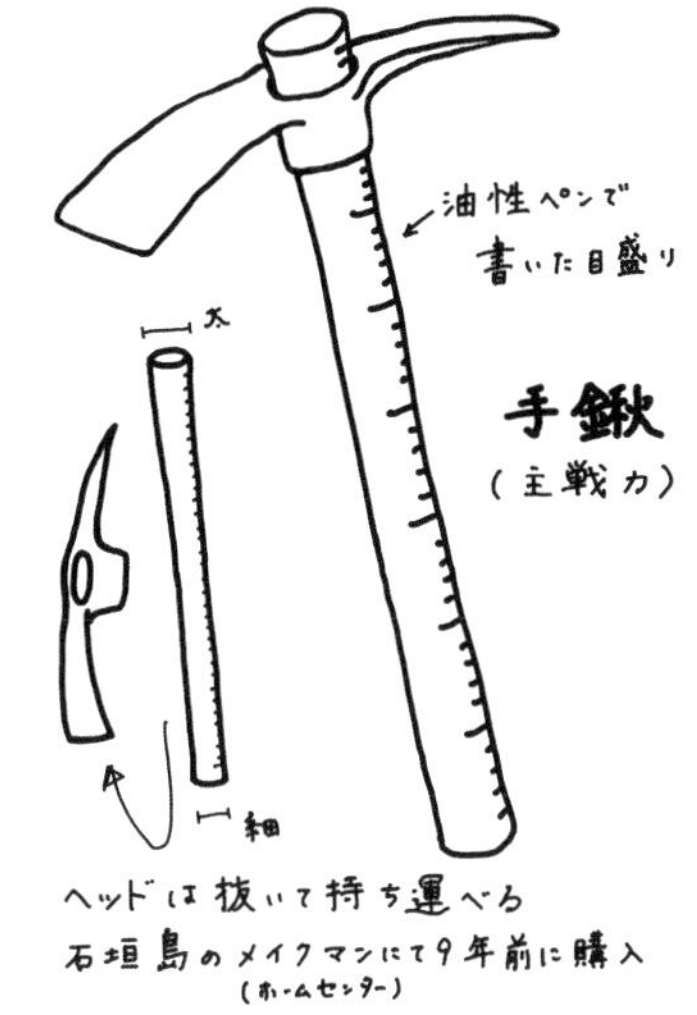

手鍬

鍬を愛用している。

朽木を割りまくる研究をしているのに悲しいことだが、私は腕力に恵まれてはいない。だが手鍬なら、己の筋肉だけでなく振り下ろしたときの遠心力を簡単に味方に付けることができるのだ。それに、朽木の長辺に向かって対峙（たいじ）し振り下ろしたときに、朽木の繊維の方向に沿って割りを入れられる。この割り方は、朽木内部で長いトンネルを縦方向に掘っているクチキゴキブリをトンネルに沿って追うのに非常に適しているのだ。

それから、ゴキブリを入れるためのプラスチック容器。採集調査に行き始めた初期の頃から１００円ショップに３つ１００円で売られているプラスチック容器を愛用している。当時はこのプラスチック容器しか持っていかなかったが、開閉のしやすさと必要な容量などの兼ね合いから、現在は救急箱のようにカチッと閉まるプラスチックケースも使っている。

しかし、これだけだと乾燥してしまうので、これまた１００円ショップで売られているビニール製の冷蔵用チャック袋に少量の朽木片とともにクチキゴキブリを入れてからこのケースに入れるという方法に落ち着いている。チャック袋だけでよいのではと思うかもしれないが、ビニールの袋のままだと一晩で食いちぎられて、その穴から脱走してしまうのである。

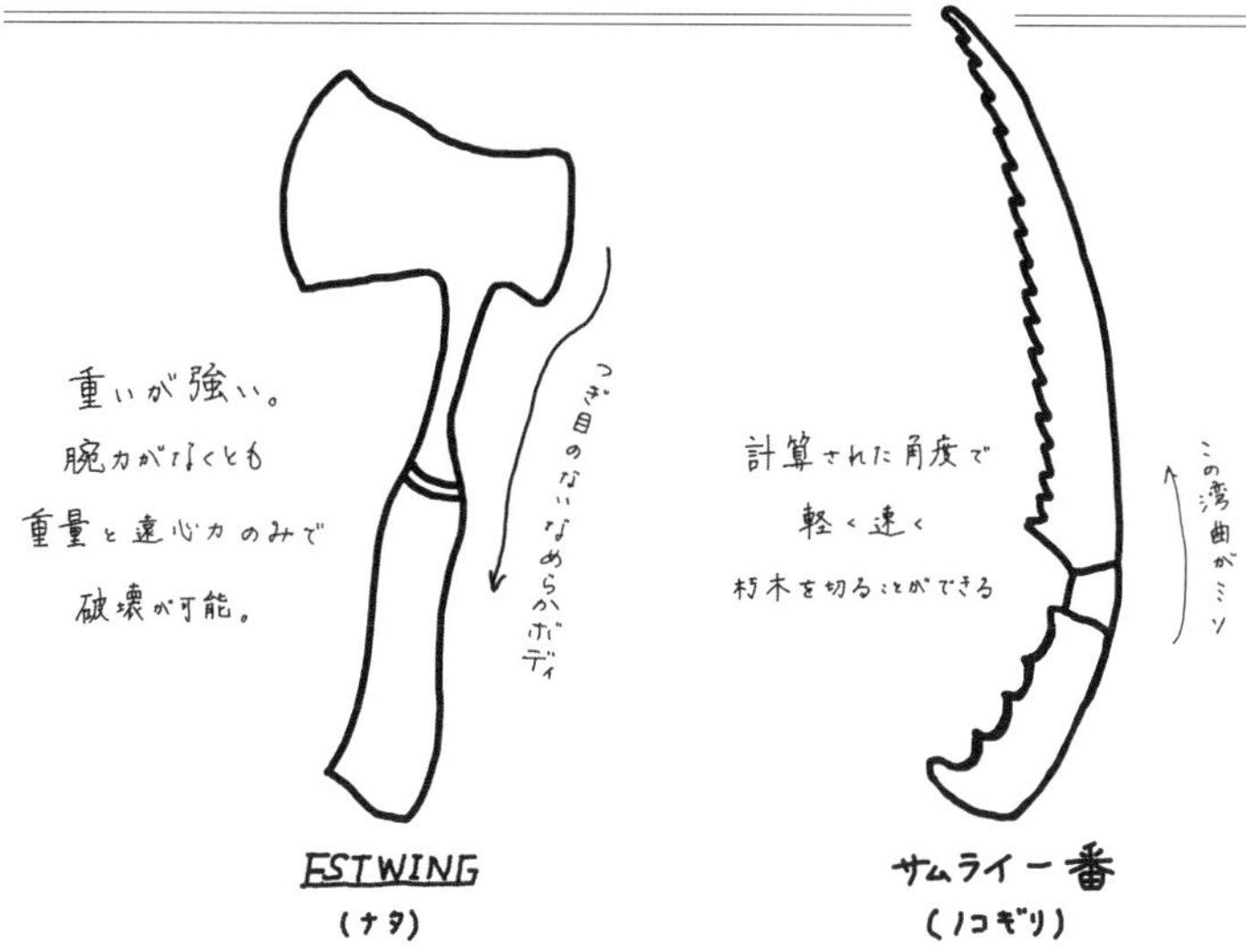
重いが強い。
腕力がなくとも
重量と遠心力のみで
破壊が可能。
つぎ目のないなめらかボディ
ESTWING
(ナタ)
計算された角度で
軽く速く
朽木を切ることができる
この湾曲がミソ
サムライ一番
(ノコギリ)

ナタとノコギリ

それではぶ厚い袋ならよいのではということになるが、冷凍用のチャック袋を使って同じように袋を閉めて持ち帰ったところ、ゴキブリが非常に弱ってしまったのだ。おそらく酸欠だったのだと思う。冷蔵用のチャック袋がクチキゴキブリに絶妙にマッチしていると判明した。

脱走といえばチャック袋方式を模索していた当時、袋のままで与那フィールド宿泊施設の部屋に放置した結果、見事に脱走され、荷物の中からベッドの裏から全部探さなくてはならなくなった思い出がある。彼らは、だてに朽木を齧って生活していないのだ。ビニール袋なんてひとたまりもない。クチキゴキブリの顎の力を甘く見てはいけない。

まだ現地で調査を敢行させてもらえるか分からなかったが、まあ、これで採集はできるだろう、という用意をして、一人、福岡空港から飛び立った。しかし実際に調査を始めるとやはり持ってこなかったけれど必要なものが出てきて、現在ではイラストのような装備となっている。

当時は、与那のスタッフの一人だった知花重治さんに非常によくしていただき、作業の手伝いから細かい道具の貸し出しまでいろいろ助けてもらってことなきを得た。また、別のときにはゴキブリの体重を量るために「電子ばかり」を貸していただいたこともある。さすがに電子ばかりは研究室から持っていくことはできないので、非常に助かった。演習林のような研究施設での調査は研究に沿ったサポートを得られるのがメリットの一つだ。

ゴキブリを入れるリュック

ハブ、ブユ、ヌカカときどきアブ

フィールドに出るときは、先に述べた採

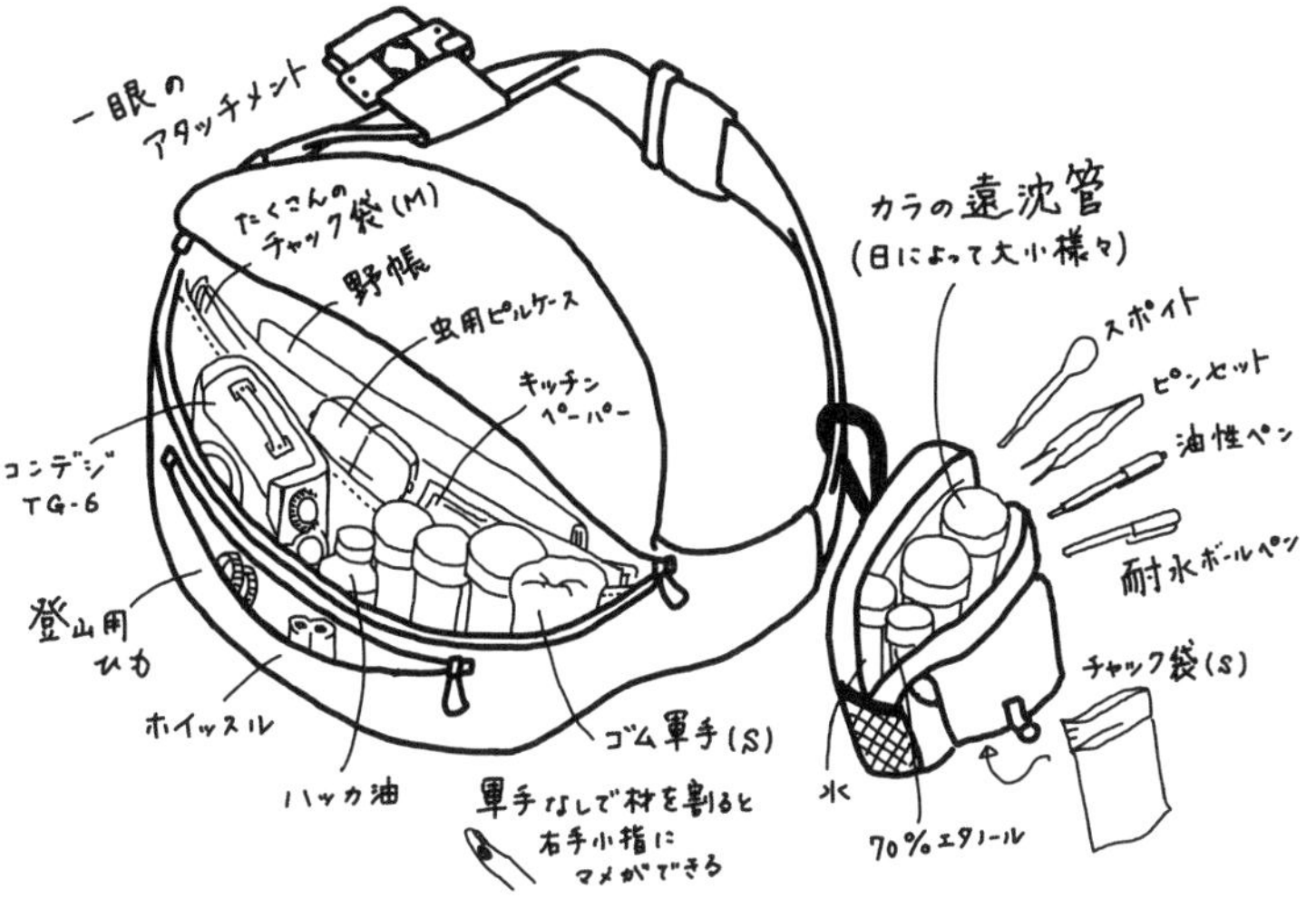

ウエストポーチの中身

集道具をできるだけ腰に付けられるように工夫している。リュックは非常に軽いものを購入し、そこに飲み物だけを入れて出かけ、現地でゴキブリを採集したときはゴキをチャック袋に入れて、ほぼカラであるリュックにぽいっと入れる。

リュックに道具が入っていると機動性が損なわれるが、腰に付けていればスッと取り出せる。私の調査ではそこまで激しい登山を伴わないため、腰から多少道具がブラブラしていても体力の消耗は少ない。

最初は、米軍のお下がりリュックを琉大の知人に頼んで買ってきてもらって使っていたのだが、米軍の屈強なお兄さんが背負うリュックということもあって、とにかくでかい。なんでも入るが、取り出すたびにリュックを下ろすのが面倒になって、だんだん腰にいろいろ付けられるように腰ベルトを改造。

腰ベルトの増築に伴って、ウエストポーチを使うようになり、大きな米軍リュックは腰の道具入れと干渉するようになってしまった。よく使う道具は腰ベルトに付いているので、必然的にリュックの出動回数が減っていく。米軍仕様なので、丈夫さも機能性も折り紙付きだったが、最終的にこのリュックではないなという結論に至って研究室の後輩に譲ってしまった。よく使ってくれているのを目撃するので、米軍リュックにとってもよかったのではと思っている。ちなみに、この米軍リュックは血痕とおぼしき赤黒いシミや、何が貫通したのだろうと思うような穴が開いていた。

私が調査に行って、与那フィールドの森のど真ん中で朽木を割ることはめったにない。演習林の職員の方々はハブやヒメハブを非常に警戒している。森林で出会う確率が高いのはハブよりもヒメハブで、ヒメハブはハブより臆病で毒性も劣るのだが、ヒメハブであってもとても危険だと皆言う。特に沖縄で生まれ育った人は、ハブ、ヒメハブを非常に怖がる印象だ。親族や集落に噛まれて亡くなった人がいるからだろう。与那フィールドでも何年も前に、しゃがみこんでひっくり返した朽木の下にヒメハブがいて、驚いたヒメハブがそのしゃがみこんだ人の胸部を噛み、亡くなってしまったことがあるとうかがった。末梢（まっしょう）

ならまだしも、心臓に近い部位を嚙まれてしまうとヒメハブでもそういうことがあるらしい。

ヘビ対策としては、1・5メートル以上（つまり想定されるヘビの体長を超える長さ）の棒を携えて、茂みや木材の土場などを足を踏み入れる前に棒でペシペシしてヘビを退散させる。足を突っ込んだりしゃがみこんだりする前に、これを必ず行う。私に繰り返し「ハブがいるサアね」と注意喚起する職員さんの姿を見ると、演習林として、利用者に死傷者を出さないように気をつけたいというのがヒシヒシと伝わってくるので、これに従うようにしている。

ただ、私は演習林内でヒメハブは一度しか見たことがないし、ハブに至っては一度もお目にかかったことがない。演習林以外の森では何度か目撃しているが、見られたら運がいいくらいの確率だという認識である。

林内で1箇所に留まって朽木をバコバコ割っていると、無数のブユ、蚊、ヌカカときどきアブ、に取り囲まれることになる。どれだけハッカ油を塗ろうが、長袖を着ようが、生地がのびて薄くなった場所を狙って布の上から刺される。刺されたことが皮膚に入ってくる口吻の感覚で分かるくらいだ。

クチキゴキブリの入っている朽木は総じて日陰になるような場所にある材であり、そこではむしろ私のほうが蚊やブユの巣窟に踏み込んでいるということになる。そして彼らにとってはこの近辺で唯一の吸血の対象が私なのであり、たかられるのは当然の結果である。

そこで、卒論で最初にうかがったときから高嶋先生と職員さんに相談して、林内からゴキブリがいそうだと私が目星をつけた材を軽トラで運び出し、管理棟敷地内の広場で朽木を割らせてもらっている。本来ならば調査補助の申請を事前に出さなくてはならないが、初年度はそんなことが可能だと思わなかったので、職員さんのご厚意で、空いた時間を見つけては材を運んでいただいた。

どんだけ優しいんだ、与那フィールド……。次の調査からは毎回調査補助申請を出して、高嶋先生や職員さんと相談した上で助けてもらっている。

このように、単独調査といっても現地で本当に様々なサポートが受けられたからこそ、私の初めての調査は、無事たくさんのクチキゴキブリを採集して終えることができた。調査地を与那フィールドに決めなかったら、私はクチキゴキブリで卒論を書けていなかったのではないだろうか。本当に感謝しかない。

与那フィールドの全面バックアップにより、無事に大量のクチキゴキブリを米軍リュックにぎゅうぎゅうに詰めて持って帰ってきた。採集したゴキブリの数は当時おそらく500頭を超えていたと思う。クチキゴキブリが荷物の中で何より大切なので、他のものは全部預け入れ荷物にして、ゴキブリがぎっちり詰まった米軍リュックを機内持ち込みにした。預けて万が一、寒い寒い貨物室で凍え死んでしまったら大変だ。

実際は、預けてもゴキブリが死ぬことはなく、このときの心配は完全に杞憂だった。でも飛行機の中で、「ここにゴキブリが大量にいるなんて誰も知らないんだ」と思うと不敵な笑みが止まらなかった。このときほど楽しいフライトはなかったと言っていい。

さて、採集がうまくいったので、次のステップは飼育と実験である。クチキゴキブリの先人である松本さん、前川さん、嶋田さんに聞いても「長期の飼育はしたことがない、した人も知らない」というお返事で、とりあえず沖縄での採集時に一緒に持って帰ってきた朽木を使って飼育を開始することにしたのだが、これがまた新たなる試行錯誤の始まりであった。

第5章

実験セットを
構築せよ!

赤色ライトで煌々と照らされた空間。うごめくクチキゴキブリ。彼らの一挙一動を逃すまいと、しこたま仕掛けられたビデオカメラ。その上にはさらに監視カメラが設置され、暗幕で閉ざされた赤い世界全体を映し出している。そして監視カメラに映る彼らの姿をスマホで見てニヤつく著者。どう見ても怪しい要素しかない。不審者通報すべく電話に手が伸びた方、どうか早まらないでほしい。この怪しい風景こそが翅の食い合い行動の撮影現場なのだ。

翅の食い合いはオスとメスが朽木の外で出会うところから始まる……はずである。なぜ断言できないかというと野外で観察されたことがないからだ。クチキゴキブリの生態は謎が多い。特に、新成虫が実家の朽木を出て外界で過ごす期間の行動が分かっていないのだ。

朽木内部で育つ期間の生態はおおよそ解明されている。朽木の中のトンネルで生まれた子は約1年で成虫になり、翌年の5～6月に実家を飛び立つ。その後の足取りは極めて不明瞭だ。ライトトラップ（夜間に水銀灯やＨＩＤライトなどを点けて、虫が紫外線に寄ってくる性質を利用して夜行性の虫を捕まえる。紫外線への誘引性は虫によって異なり、虫の活動時間によって日没から明け方まで行うこともある。基本的にライトを点けている間はライトの近くで待ちぼうけなので、夕食とドッキングさせるのが一般的）には飛来するので、夜間に飛翔していることは確実である。

その後、どうやってオスメスが出会うのか、どうやってペアを決定するのか、翅の食い合いは朽木にトンネルを掘ってから行うのか、それとも外界で行うのか……。未知である。交尾や翅の食い合いには時間がかかるので、おそらく天敵から身を守れるトンネルの中で行うのでは……と推測するが、状況証拠しかない。決定打に欠ける刑事ドラマのシナリオである。

生態が未知であるが故に、実験室での翅の食い合い観察のためには、かなりの試行錯誤が必要だった。自然条件下ではどんな環境で翅の食い合いをしているのか分からないので、実験デザインは完全な手探りである。

そもそも、クチキゴキブリは確立された飼育方法すらなかった。これまで数カ月に渡る長期の飼育に成功した例がなかったのである。飼育方法が確立されていないのに室内で飼育、羽化させ、行動観察まで成功させなければ、翅の食い合いのデータを取ることはできない。またも壁が立ちはだかる。

まずは、近縁種であるエサキクチキゴキブリの給餌行動を観察した論文の実験方法を参考にし、赤色ライトを用いるというヒントを得た。赤色ライトを使うのは怪しい雰囲気を醸し出したいからではない。ゴキブリには赤色光が見えないからだ。しかし、結果的にとても怪しいので非常に気に入っている。

昆虫の視覚は赤色光が見えず、紫外線が見える。簡単に言えば、人間の可視光領域を紫外線側にずらしたような範囲の光を受容して、彼らは世界を見ている（もちろん例外はあり、アゲハチョウなど赤色光を好む昆虫もいる）。受容している光が異なるので、人間が見ている世界と昆虫が見ている世界は全く違うのだろう。

だから、視覚を問題にするような研究は非常に慎重に実験設定を考える必要がある。例えば、擬態の効果の実験などだ。人間が似た色をしていると感じていても、昆虫や鳥類から見て同じように見えているとは限らない。

色を受容する視細胞は錐体細胞と呼ばれ、鳥類は人間が持つ赤、青、緑の錐体細胞に加えて、紫外線に近い色を受容する錐体細胞を持っている。彼らには、もっと細かな色彩で世界が見えているのかもしれない。反射光スペクトルなどを測定して、より客観的に色を捉えるなどの工夫がこういった研究には求められる。

エサキクチキゴキブリの給餌は、朽木内部のトンネルの中で行われる。ゴキブリにトンネルと同じ暗闇だと思わせておいてビデオカメラで映像を捉える方法として、赤色ライトは有効なのである。

そうと分かれば買い物だ。赤色ライトが研究室になかったので、研究室にもともとあるライトを有効活用して自作してみることにした。研究で使う物を買うときは、研究室の予算を使わせてもらえる。公費購入ということだ。

大学の研究室には、運営費交付金と院生経費の主に2種が大学から与えられている。運営費交付金は各教員に応じて、院生経費は研究室の学生数に応じて決められている。

そこで、運営費交付金か院生経費の中から出してもらう。これらは皆で共有して使うお金なので、湯水のように使うことは許されない。事前に教員へ、何のために、何をいくつ買いたいか、合計の値段はいくらかを伝え、お許しが出たら買いに行く。

大学の公費購入に対応してくれるお店は限られているが、九州大学伊都キャンパスの最寄り（といっても理学部から1・4キロメートル）のホームセンター「ホームプラザナフコ元岡店」は対応していて、しかも即日で商品を持ち帰らせてくれる御用達の店だ。ちなみに、伊都キャンパス周辺は田んぼと畑に囲まれており農家さんが多いためか、ナフコ元岡店の営業開始時間は驚きの朝8時、閉店時間はなんと19時30分という、農業従事者完全サポート（?）仕様。うかうかしているとその日の営業を速やかに終了してしまうので、大学生が行く場合「帰りに立ち寄ろう」ではなく、「今日はナフコに行くぞ」と、その日のメインイベントに据えなければならない。九大生の生活リズムをも守る存在、それがナフコという店である。

気合を入れてナフコに行き、赤色セロハンを買ってきた。ゴキブリの受容可能な光の波長を調べた論文を探し、赤色セロハンを貼った研究室の白色ライトの波長を測定して無事使えそうなことを確認。

しかし、三日三晩ずっとライトを点けているとなると、発熱などの問題が生じることに気づいた。万一、ライトの発熱から暗幕が燃えて火災などに繋がったら一大事である。これではゴキブリの実験どころではない。白色ライトにセロハンを貼るという案はボツになった。

発熱しない、という条件で真っ先に思い浮かんだのがＬＥＤライトである。しかもＬＥＤならば波長が限られているので、実は紫外線が出ていました、ゴキブリにとっても明るい世界でした、という間抜けな事態も防ぐことができる。しかし赤色ＬＥＤのライトなんてそんなに需要があるわけもなく、また、当時は研究室の予算で物品を購入する術をあまりよく知らなかったため、私が下見をしたのはナフコの店頭のみ。シーリングライトやデスクライトの並ぶ陳列棚を見たが、当然赤色ＬＥＤのデスクライトなんて売られていない。

ここでもう少し頭を使って、先輩にナフコ以外の購入先を聞くとか、どうにかすればよかったものを、

「これは作れということだな。うん」

と、無駄に覚悟をキメてしまったのが運の尽きだった。

当時修士課程2年の先輩だった柿添翔太郎さんが、１００円ショップの電池式の白色LEDライトを紫外線LEDライトに改造して昆虫採集に使っていることを知っていたため、覚悟のキマった私はすぐさま交渉し、柿添さんの買い込んだ改造前の白色LEDライトを大量に仕入れた。

柿添さんは博士課程から九州大学総合研究博物館の丸山宗利准教授の研究室に所属し、丸山さんといつもマレーシアやカメルーンなどでの採集へ一緒に行っていた。何でも手広くやっている人で、そのときLEDライトを大量購入していたのも、紫外線LEDライトに改造して、夜行性の飛翔昆虫を採るための衝突板トラップ（FIT）を大量に作成して販売するためだった。今では、多くの新種を記載している分類学者である。

柿添さんからライトを仕入れると同時に、改造前のライトにそのまま赤色セロハンを貼ってみたが、光量が著しく低下してしまう事態になったので、やはりLEDを付け替えるしかないことが判明した。電子工作好きだった同期の久我くんから、電子部品を研究室予算で購入したという話を聞き、そのお店に発注して赤色LEDを２００個購入。当時、私ははんだごてを持っていなかったので、久我くんから貸してもらった。

彼も、自身で持ち込んだ研究テーマで卒論を始めた人物で、バッタマニアである。彼は敬虔なヲタクでもあり、マニアという言葉に非常に神聖な意味を持たせている。そのため、周囲が彼のことをバッタマニアと称すると「いや、そんな、俺はマニアじゃないから……」と必ず言う。しかしマニアである。

バッタの逃避行動をずっと研究していて、最初は大好きなラジコンで大好きなバッタを追いかけるという「大好き×大好き」の共演を夢見たものの、伊都キャンパスの草丈にラジコンカーの車輪はあえなく降参し、結局、自分自身で炎天下の中、イナゴを追いかけることになった。はんだごてを貸してくれたこの頃は、まだラジコンカーの可能性に一縷の望みをかけていたと記憶している。

LEDライトは1個につき4個の白色LED端子が付いている。そのライトを1台のビデオカメラにつき5個使用、ビデオカメラを最大6台同時に回すので、一気に120個の白色LEDのはんだ外しと120個の赤色LEDのはんだ付けが生物学科の卒論生を襲うこととなった。

しかし私はルンルンでそれらを終え、数日後、ついに実験本番にこぎ着けたのである。中学の技術の授業ではんだ付けが一番好きだったことが役に立つ日が来るなんて。

当時の作業で、辛かったのは、はんだ付けではなくむしろ「はんだ外し」である。そういえば技術の先生も生徒のはんだ付けをやり直すときは、溶かしたはんだを吸い込む謎の機械を使っていた。吸い込むたびに「シュポンンッ」と凄まじい音が部屋に響いていたものである。

しかし、そんなものは持っていない。はんだを溶かし始め、一気に融点がきて溶けたはんだがまた固まらないように、はんだごてを添えたまま抜かなければならないが、左手は基盤を持っているし、右手は当然、はんだごてを持っている。抜くには重力を頼るしかないのだが、2本の線が踏ん張ってなかなか取れないことが多い。はんだで付けるときに踏ん張らせるのだから、罪だと責めるわけにもいかない。ぐぬぬ。

120個のLEDを外して付けて、赤色LEDライト30個を生産できた。基盤が焦げてしまったり、接触不良で点灯しない個体ができてしまったりしたのもよい思い出である。労力はかかったが、LEDならば発光スペクトルが限られているので、ゴキブリに光が見える心配もない。これはよさそうだと悦に入る。

ただ、この赤色LEDライトは電池式なので、消耗してくると光量が徐々に落ちてくるという問題があった。これは電池を毎回交換する他あるまい。しかしそれでも大丈夫だろうと楽観的に考えていた。

ミッション2・あるもので何とかせよ！

ひとまず光源問題はクリアできた。次は、どこで撮影するかという問題である。クチキゴキブリの撮影には完全な暗闇を作成しなければならない。暗室が必要だ。赤色ライト以外の光が入ってゴキブリに知覚されないようにするためである。

古いキャンパスであればフィルム写真現像のための暗室もあっただろうが、哀しいかな、研究室のある伊都キャンパスは前年に完成した非常に新しい建物で、そんなものは当然なかった。つまり、これも自身で作る必要がある。

研究室には年中25℃に室温管理している飼育部屋があり、インキュベーター（恒温槽）内でなくとも25℃で実験できる環境が整っている。ちょうど飼育部屋の隅に前年まで在籍していたポスドク（136ページ参照）の方が使っていたデスクを発見。ここに暗幕をかければいい温度の暗室ができそうである。

早速、前所有者の卒業生の方に連絡を取ってOKをもらい、デスクの改造に着手。まずは暗幕でデスクの天板の上にドームを作るために、デスク上部に暗幕を支える骨組みとなるものを付けねばならない。物干し竿とかないかな、と思っていたら、なんと飼育部屋の隅に捕虫網と一緒にポリバケツに刺さっているではないか。渡りに船とはまさにこのこと。研究室というところは探せば何でもあると見た。

物干し竿×2を天板の幅いっぱいの長さに伸ばし、デスク横の棚とハンガーラックに渡す。ハンガーラックは家で不要になったキャスター付きのものをガラガラ押して研究室まで持ってきたものだ。自宅の玄関から研究室までドア・トゥ・ドアで15分。横断歩道のある公道と長い上り坂を含むこの道程を、キャスターを声高にガタガタ言わせて完走したハンガーラックの勇姿はなかなかのものであった。

ハンガーラックを相手の棚と同じ高さに調整して竿を渡し、ガムテープでぐるぐる巻きに固定。わはは、物干し竿もこれでもう動けまい。

次は暗幕の入手だ。いつの時代も校舎という建物の窓には暗幕がつきものであり、前年竣工、新時代の校舎であるはずの伊都キャンパスもこの例に漏れない。しかし、どうせ誰も窓のカーテンなんて閉めないのだ。学生部屋の先輩の机の前で使われずにしょんぼりとまとめられている暗幕を窓から剝ぎ取り、新たなる役目を与えた。さあ、今日からはゴキブリを覆うのが君の役目だ。そして先輩の机は少しだけ日当たりがよくなった。暗幕は案外重いので、ハンガーラックの高さ調整ネジを渾身（こんしん）の力で締める。暗幕でデスクの天板を完全に覆うことに成功。小型暗室の完成だ。

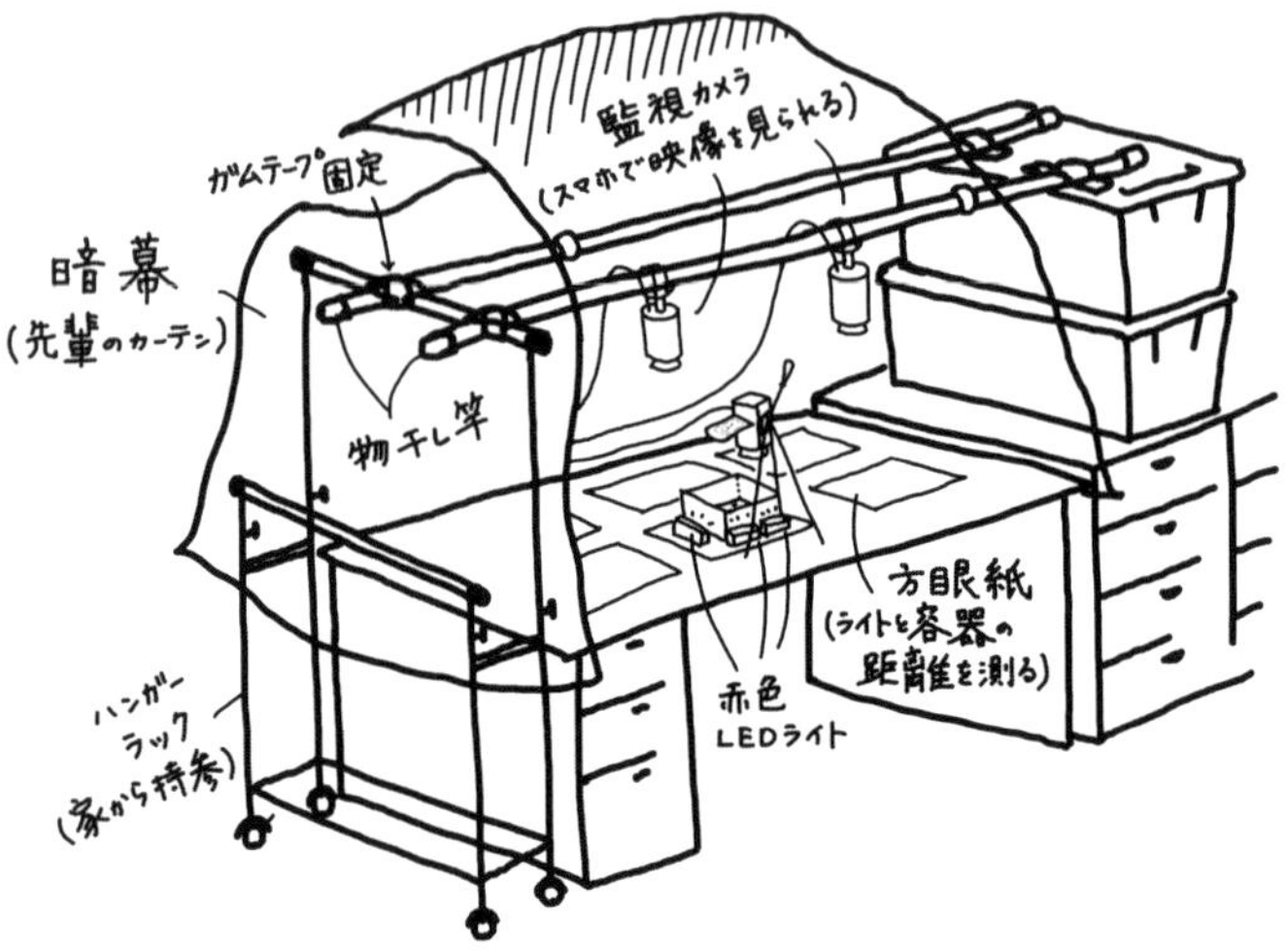

暗幕の中

次は、ビデオカメラである。我らが生態科学研究室は粕谷さんを筆頭に行動生態学を志す研究者と学生が常に在籍しているので、行動観察に使用するための様々なカメラ類が常備されている。野外に仕掛け、やってくる生物を撮影するトレイルカメラ、光源のない夜間の観察に使える暗視スコープ、鳥の巣箱の内部を観察するために、秋葉原の隠し撮り用品専門店なる怪しい店で購入したと噂されているピンホールカメラなどなど。

クチキゴキブリの撮影に暗視スコープなどが使えればよかったのだが、1台しかなかったので断念した。なるべく撮影条件を揃えるために、できるだけ多くのペアを同時に撮影したかったため、一度に1台しか

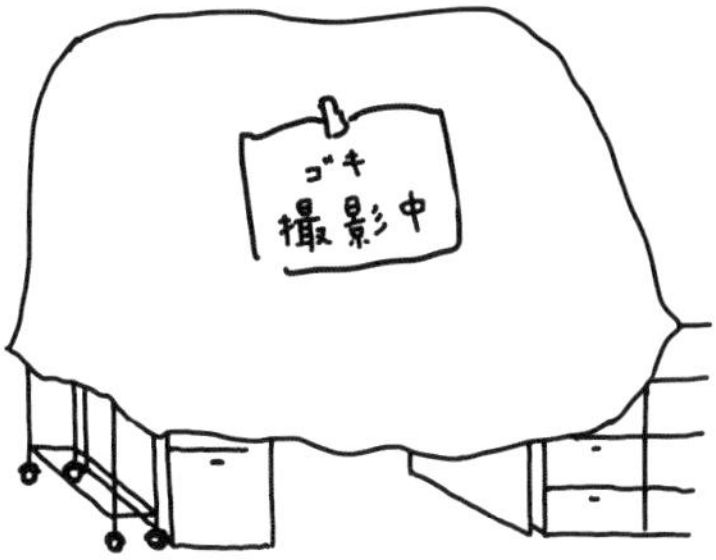

暗幕を降ろしたところ

稼働できないのはよくない。様々吟味したが、結局ビデオカメラ6台に落ち着いた。

市販のビデオカメラは、なんのひねりもない道具のようで、非常に優秀なのである。まず画質である。赤色ライトを点灯するとはいえ、暗室内は通常より照度の低い環境だ。しかし撮影後には映像を再生して行動を観察するので、それができるような画質で撮らなければならない。

ゴキブリの脚や触角、口元がどこにあるかなど、細かく見られるような映像を撮る必要がある。薄暗い環境にピンホールカメラは最適だったが、映像が粗く、昆虫サイズのものはうまく撮れないことが判明した。その点、ビデオカメラは問題ないクオリティの映像を写すことができる。

次に、連続撮影可能時間が長いこと。連続3日間、ゴキブリの行動を撮影するので、SDカードの交換は必須だが、例えば6時間に一度交換などとなると、眠っている暇がない。研究者の体力はなるべく温存しなければならぬ。著者の調べによると、一般的なビデオカメラの連続撮影可能時間は長くて12時間半である。それ以上の撮影は想定されていないのだろう。現在はＳＤカードの容量の限り無限に撮影し続けられるビデオカメラを見つけたのでそれを使っている。

この12時間半の動画を撮影した場合の容量が約32ギガバイトだったので、64ギガバイトのＳＤカードを挿入すれば2回分、つまり合計25時間の撮影が可能となる。例えば、夜20時にＳＤカードを交換したら、翌朝8時に一度撮影が切れるので、もう一度ビデオカメラの撮影ボタンを押し、夜20時にＳＤカードを回収すればよい。

しかし、研究室に12時間いられるとは限らない。しかも、することはボタンを押すだけ。そこでスマホで設定し、自動でボタンを押してくれるという最近流行りの小型ロボを6個体購入。彼らを1個体ずつビデオカメラに貼り付け、撮影開始から12時間後にボタンを押すようにした。朝に弱い私の代わりに6個体のロボたちが働いてくれる。現代はなんて素晴らしいのだろう。

これで、3日間撮影するために必要なＳＤカード交換を1日1回の計3回に減らすことができた。ロボを貼ったビデオカメラを三脚に取り付け、真下を写すように角度を調整する。クチキゴキブリは振動に非常に敏感なので、三脚と彼らを入れる容器の下に耐震シートを貼った。これで私がＳＤカードを交換したり、暗幕の外で人が歩いていたりして振動が起こっても安心だ。

これで役者は出揃った。あとは主役の登場を待つのみである。

ミッション３・ゴキブリを安心させよ！

しかし、その主役にも一工夫、いや、二工夫ほど必要だった。まずは撮影容器の作成だ。朽木の外での生態が未解明なので、翅の食い合いが始まるまでの行動をできるだけ制限したくない。新成虫はおそらく朽木の外で異性に出会い、それから翅の食い合いを行うはずだ。そしてその途中のどこかのタイミングで朽木の中に穿孔（せんこう）すると考えられる。

したがって、オスメスが自由に動き回れる広い空間と、朽木の中を再現した狭い空間を両方とも撮影容器内に作ってやる必要がある。

卒論当時、採集に行く前は準備で手一杯だったので、実験方法は全くの行き当たりばったりだった。１９８８年に翅の食い合いを観察したという修士論文には、配偶行動の観察にシャーレを使ったと書いてあったので、まずは研究室にあった普通の90ミリシャーレを使うことに。とりあえず、シャーレに翅のあるオスとメスを入れてビデオ撮影すれば、おそらく撮れるだろう。

しかし、シャーレそのままだとゴキブリが滑ってしまって行動がうまく撮れないので、何か敷いたほうがいい。アリの飼育では石膏（せっこう）を流し込んで、適宜水分を与えながら飼育するらしいが、少し面倒である。それにクチキゴキブリは指で押すと水が染み出してくるくらいびしょびしょに湿った朽木に入っているのだ。石膏だと乾燥気味な気がする。でも、昆虫マットを入れたら中に潜って隠れてしまいそうだし……。

ということで、とりあえずろ紙をびちょびちょに濡らし、シャーレの底にピッタリひっつくように敷いて使うことにした。撮影は連続で3日間。シャーレの容器よりもフタのほうがろ紙のサイズにちょうどよかったので、シャーレをひっくり返した状態で使うことに。3日程度なら乾燥しないかもしれないし、乾燥したとしてもシャーレの容器とフタの隙間から洗浄ビンで水を差すことができる。いいじゃないか。

エサも3日間耐えられる分だけ入れて、なるべく撮影時に死角を作ってしまわないように工夫した。しかし結局、このろ紙を使った実験装置はそもそも、ろ紙の下にゴキブリが入り込んでしまう、というハプニングの発生により、翌年以降採用されることはなかった。さようなら初号機。

次の問題はシャーレを入れる容器の床面、つまりシャーレの外である。クチキゴキブリはゴキブリなのに歩くのがうまくないので、シャーレから出たときに床面がつるつるだとすぐにぽてっとひっくり返って起き上がれなくなる。起き上がろうと地面を蹴るのだが、脚が床に引っかからないので背中でコマのようにくるくる回るばかり。挙句の果てにはそのまま体力が尽きて死んでしまうのだ。

なんと悲惨な死に様だろう。

貴重な新成虫たちをそんな目に遭わせるわけにはいかない。

シャーレを設置する容器の床には踏ん張りの効くような素材を敷いてやろう。ここで登場するのがセルロースパウダーである。紙の粉のようなもので、食品添加物としてパンなどに入っていることもある。粉の粗さによって複数の商品が用意されている。セルロースパウダーの存在を知ったのは修士1年のときで、卒論時は知らなかった。

セルロースパウダーを使うというアイデアは、2017年当時、私が所属している京都大学昆虫生態学研究室の松浦健二教授からシロアリ飼育現場を見せてもらったときに教えてもらったものだ。後述するが、松浦さんはクチキゴキブリと同じように朽木を食べる昆虫であるシロアリを、それこそご自身の卒業研究時から長年研究しており、飼育するときのエサにセルロースパウダーを混ぜて使っていたのである。

セルロースは植物の細胞壁の主な成分であり、セルロースを分解できないと木材をエサとして利用することはまずできない。つまり食材性昆虫はすべてセルロースを分解できるはずなのである。普段から食べているセルロースならクチキゴキブリの体内に入ってしまったとしても問題ないはずだ。さらにセルロースパウダーは保水力も高いので、湿った環境を好むクチキゴキブリにはもってこいの素材なのである。

実験方法や飼育方法については当時から改良を重ねに重ねてきたが、セルロースパウダーはその存在を知ったときから現在に至るまで、クチキゴキブリ飼育になくてはならない存在である。

この中に巣として用意したシャーレを設置。シャーレの中に朽木を再現した狭い観察可能な空間を作ってやらねばならぬ。しかも外から中のゴキブリたちの行動がハッキリ観察できるようなスケスケ素材であることが肝要だ。

普通のプラスチック容器だと、いくら透明度が高くても、照度の低い赤色ライト下でビデオカメラ越しに見ると、顔出しNGの情報提供者さながらにボケボケの黒い影しか映らないことが多い。これでは話にならん。

さらに、ゴキブリにとって居心地のよい空間とは、彼らの背が天井に付くくらい高さが低い空間のことなのである。野外でクチキゴキブリのコロニーのトンネル形状を観察していると、細い道がずっと続いているというよりは、横幅があり、高さがない部屋のような

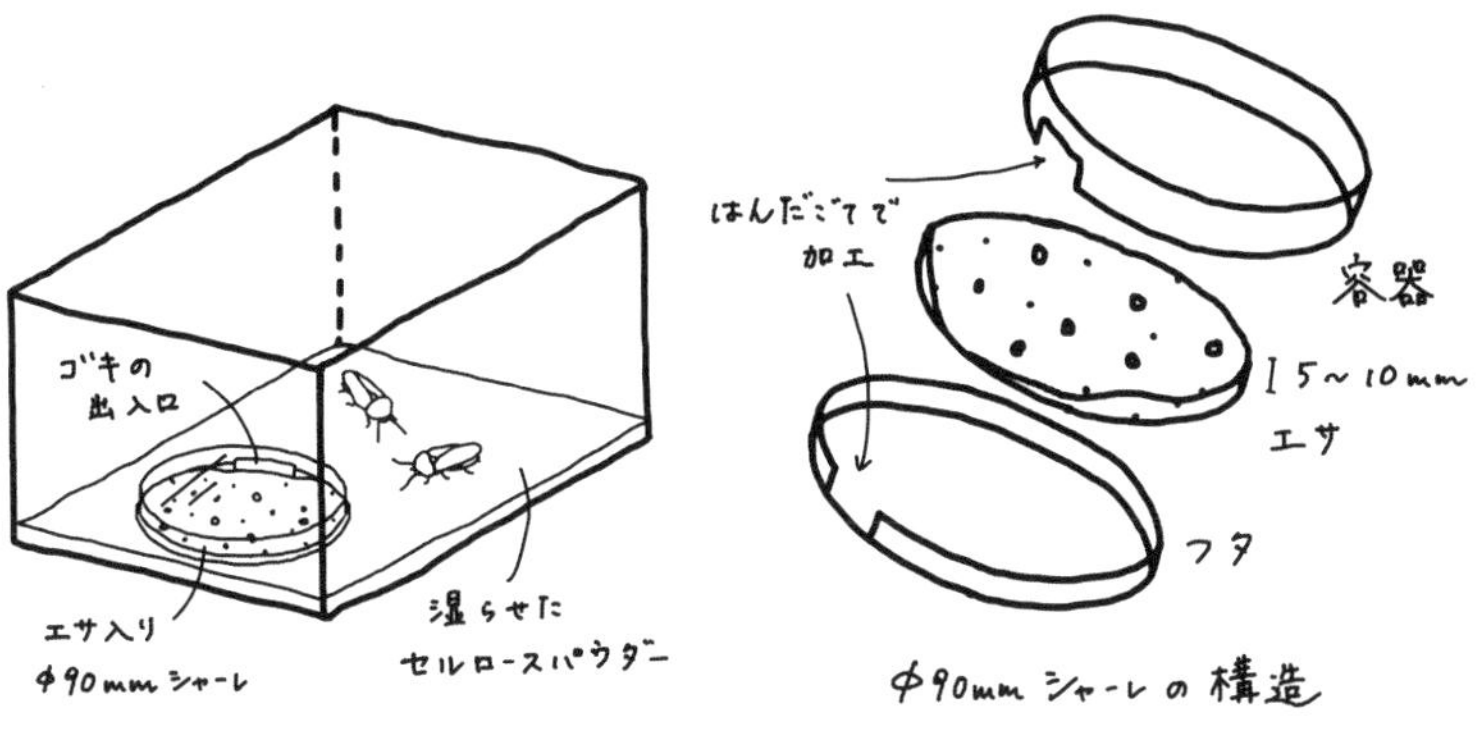

快適な個室（撮影用）

薄い空間が広がっていることが多い。彼らは、平べったい空間がお好みなのである。飼育していると、背に何かが当たっているような状態でまったりしている。

　これらを総合して、狭い空間の作成にはプラスチックシャーレがやはり最適であるという結論に至った。透明度が高く、背が低い。しかも、熱を加えれば加工が可能である。シャーレの内寸は高さ15ミリメートル。クチキゴキブリ成虫の体高が約5ミリメートルなので、5~10ミリメートル分エサを入れれば、ちょうどよく狭くてエサもある空間のでき上がりだ。

　シャーレの側面にははんだごてで熱を加えて穴を開け、ゴキブリたちが好きなときに、好きなように出入りできるように設計しておいた。何らかの理由により、翅の食い合いや配偶を中止したければ、この出入り口から退出すればよい、というわけである。初号機よりもゴキブリファーストな設計になっているると言えよう。さらにこの一工夫により、退出したかしなかったかというデータが一つ増えることになり、考察の幅が広がるのである。

第6章

戦場でありフェス、それが学会

「学会」は堅苦しくなんかない

「学会」とは研究者の集まった組織であり、学会と聞いて皆さんが想像するような、研究発表する会のことは、正しくは「学会の年次大会」という。しかし、めんどくさいのでやっぱり学会と呼ぶことにする。

学会は、研究者にとって、成果の発表の場であるというのが普通の認識だ。しかし、学会は発表しないで参加だけするということも可能である。例えば大学の研究室に配属されると、まだ発表する内容はないけど参加だけして学会はどんなものなのか見に行く、という学生もいる。昆虫学会で発表を聞いているだけだった、学部3年までの私のような参加の仕方である。

発表デビューは、卒論の完成する4年生の3月頃から新年度の5月くらいに開催される学会になることが多い。研究者を目指す学生には、教員も積極的に学会発表を勧める印象である。学会は、自身の研究成果を発表することで新たな観点からのコメントをもらい、研究をブラッシュアップしたり、これからどのように発展させていくかを考えるアイデアを得られる場だからである。

しかし、学会の役割はそれだけに留まらない。

学会と聞くと、どのような場を思い浮かべるだろうか。テレビドラマや映画などでは、スーツを着た、いかにも偉そうな人たちが、煌々とスポットライトの当たる壇上で、プロジェクターに何やら怪しげなグラフを掲げながらマイクに向かって話しているシーンが登場する。会場の人々は、おとなしく椅子に座り、ありがたそうに聞いている……というイメージだ。

しかし、実際の学会は、こんな堅苦しいものではない。分野によっては本当にこんな雰囲気の学会もあると聞くが、少なくとも私の参加する生態学界隈の学会は、非常にラフである。みんなスーツなんて着ない（着ていたらむしろ浮いてしまうからやめろ、と教員から言われる）。

特に生態学会では、アウトドアブランドのモンベル（mont-bell）製品を着た、これから登山ですか？という服装の人で溢れかえっている。モンベル人口があまりに多いので、「生態学会はモンベルが正装」とまことしやかに言われているくらいだ。

それに、いつも発表者の話をありがたがって聞く、なんて雰囲気もない。分からなければ「どういうことだ？」と質問が出るし、考察に異論があれば、「それは違う」という意見が飛んでくる。最近は、威勢のいい学生という風情の人はあまり見ないが、少し年上の研究者同士がバッチンバッチンやっていることはざらである。

このように、学会に行くと非常に「揉まれる」のだ。これが学会の役割の一つで、自身や研究室メンバーでうじうじ考えているだけでは持ち得なかった視野が、学会で人に話すとパッと広がることがある。そんな意見をもらえたときは、これ以上ないほどワクワクする。私の研究も、私だけでは到底得られなかった洞察を、これまで数多の方々に与えてもらうことで、ここまで進んできている。

しかし私は、意見を言い合って、時にバッチンバッチンに議論することを「戦場」と表現したかったわけではない。学会での表向きの戦いはそうかもしれないが、もう一つ、大切な戦いがここにある。

顔と名前と研究を売り込む

一般的なイメージとして、「研究者は人と関わらなくていい、コミュ障でも能力さえあれば務まる職業だ」と思われている節がある。むっつりとデータを取り、分析すればいいように見えるのかもしれない。しかし、ここで声を大にして言いたい。

研究職は、コミュ障の逃げ場ではない。

研究も、その他のすべての職業も、人間が担っている。人間が行っている限り、コミュニケーションは必ず求められるのだ。職業によって求められるコミュニケーションに違いはあるが、求められることに変わりはない。

心理学系の勉強をしている知人から、人は自信のない場面ではコミュ障に、自信の持てる場面ではコミュ強になると聞いたことがある。普段の生活や日常会話でコミュニケーションが苦手だとしても、研究の話題で積極的になれるなら、それはコミュ障ではないのではないか。興味の対象があって、普段からそれについていろいろと考えていれば、そのことについて話したくなるだろう。

先述したように、学会に出て議論することもコミュニケーションだ。緊張するし、怖いから学会に行きたくないという学生もときどき見かけるが、学会に出ずに自分で本を読んでいるだけでは発想が非常に限られる。研究には試行錯誤がつきものであり、試行錯誤には速さと質が求められる。速さとはＰＤＣＡサイクル（計画、実行、評価、改善のプロセスを繰り返し行うことで業務改善を目指したフレームワーク）の回転数のようなイメージだ。質というのは試行錯誤のときに「こうしたらよくなるんじゃないか」という予想の正確さや研究アイデアの面白さである。

質のいいアイデアは、たくさんのアイデアの中から生まれる。よって、アイデアの量がまず求められる。自身でアイデアを生み出せず研究がストップしてしまうようでは、新しいことを解明する前にアイデア不足で餓死してしまうに違いない。そんな研究者人生は嫌だと私は思う。

そして、学会に出て人と話す、というのは、顔と名前と研究を売りこむ、ということでもある。

初めて学会発表のための発表資料を作ったとき、指導教員の粕谷さんから

「もっと自分の名前を大きく書いて。売り出し中って感じで」

とコメントをもらった。

博士課程に行って研究者になりたい、という意志は研究室に配属される前から伝えていた。なので、この助言は特に研究者になる学生に向けたものだったのだろうと思う。これから研究者として学問の世界でやっていく上で、研究の内容と名前を知ってもらうことは必要、ということなのだ。

どうして研究者にそんなことが必要なのか。それは繰り返しになるが、研究が人と人の営みだからだと思う。

よい研究をし、発表することを続けていれば、必ずその分野で話題になる。あの大学の

あの研究室に、こんな面白い研究をしている学生がいるらしい、と。

面白いことをしている人間を、研究者は放っておかない。発表を聞きにやってきて、一緒に議論して、その研究がより新しいことを発見する契機になると、一緒になって目を輝かせてくれる。そして、そんな学生や若手研究者に将来、研究職に就いてもらいたい、長く研究を続けてほしいと思うのは、研究者にとって自然な成り行きだ。

研究者になる、つまり研究で職を得るということは、残念ながら狭き門である。一般的な就活と同様、募集がある大学や研究機関のポストに応募することになるのだが、この公募の数が非常に少ないのである。特に近年、日本の大学は教員数を削減する傾向が顕著で、教授が退職してもすぐに補充の公募を出さないばかりか、教員数を減らしたままにすることも、ざらである。

そんな状況で採用側はどんな人間を採用するだろうか。書類審査で実績（論文数など）に問題がなければ、学会などを通じて面白い研究をしていることが知られていて、その研究を続けてほしい人を採用するのは当然のことだろう。審査の過程で自身の研究をプレゼンする機会もあるが、時間は限られている。

だから、学会は戦場なのである。自身をいかに売り込めるか、いかに鮮烈な印象を残せるか、という戦いだ。

私が初めからこんなことまで意識して行動していたかというと、そんなことはなかった。しかし、学会発表は早めに始めたほうがいいということを当時、博士課程にいた先輩に教えてもらっていて、漠然とそうなんだなと思っていた。

日本学術振興会（文部科学省の外郭団体）に、特別研究員という制度がある。縮めて「学振」。学振にはいくつかの制度があり、博士課程の学生向けの制度（ＤＣ１、ＤＣ２）と、博士号を取得した後のポスドクのための制度（特別研究員ＣＰＤ、海外学振など。海外学振については１６０ページ参照）に大別できる。ポスドクとは「ポスト・ドクター」の略で、ドクターつまり博士号の取得後、教員や研究所の研究員などにまだ就職していない研究者のことを指す。ポスドクは安定した職についていない不安定な時期だが、研究者のキャリアの中でも自身の守備範囲や技術を広げる重要な期間なので、このような支援が存在している。しかし、ポスドクの数に対して支援が十分とは言えない現状があるのもまた事実である。

現在、私が採用されている学振ＣＰＤというのもポスドク向けの制度の一つで、学振ＰＤ（給与と研究費が３年間支給される制度）にまず応募して採用された人の中から再度、学振ＣＰＤの応募者を募り、採用されれば任期が3年から5年に延長され、そのうちの3年以上を国内の研究機関に所属しながら海外で研究する機会が与えられるというものである。この制度に採用されたお陰で２０２２年4月から京都大学の昆虫生態学研究室に所属し、さらに2023年8月からはアメリカに渡航してノースカロライナ州立大学で研究を続けているというわけだ。

私が修士2年だった2018年当時、博士課程の学生が自身の研究費と生活費を得る手段は今より限られており、学振は研究費も生活費も保証してくれる一番の手段だった。2023年現在でも、副業ができないことを除けば最も条件のいい制度だろう。しかし、学振に採用されるのは申請者のうち約2割で、年によってはそれより低いこともある。で、大方の学生は採用されない。

学振の申請書には、研究計画とあわせて自身のこれまでの論文と学会発表の実績を書く。近年は、実績より将来性を重視する傾向になってきたが、それでも実績があるほうが採用される確率が高いとされている。

博士課程の1年目から助成を受けるDC1では、申請書を提出するのが修士2年の春になる。よって、それまでに実績がなければならない。学振で研究費を得て研究するためには、早めに学会発表したほうがいいのだ。

私が初めて学会発表をしたのは卒業研究のとき、学部4年の11月に、新潟で開催された日本動物行動学会であった。正直、行動学会の申し込みが始まる4年の8月の時点ではすべてのデータが揃ってなかったので発表できるとは思っておらず、行動学会に出ることとすら考えていなかった。

私の所属していた研究室では、研究に熱心な学生はだいたい、卒論が終わった3月に開催される日本生態学会で学会発表デビューする。私もそうしようと思っていた。しかし、10月に中間報告を終えた私に先輩が、行動学会なら堅い学会ではないし、学会発表できるのではないか、と言ってくれたのである。

「できるんだったら発表したいぞ……」

そう思った私はそのまま粕谷さんの部屋をノックしていた。

コンコン。

「はーい。」

「あ、先生、大崎でーす……」

「お、大崎さん、今日も重苦しく登場」

「へへ。先生、行動学会で発表できるのではと言われたんですが……。今のデータで出られると先生が思われるなら出てみたいです」

とは言ったものの、先生には「まだできないよ」と言われるんだろうなと思っていた。データも揃っていないし、考察もまだ薄い。しかし粕谷さんは、

「んー、いけるんじゃない？」

「え、いけるんですか？」

この一言で、私の学会デビューが決まった。

ここまで、学会に出るのは将来の実績のためとか、就職先への売り込みのため、などとくどくど書いてきたが、それは前頭葉で客観的なメリットを考えたときの話である。実際、なぜ学会に行くかといえば、単純に楽しいからに他ならない。

自分の研究をみんなに面白がってもらえること、他の人の研究の話を聞くこと、考えることが大好きな彼らと存分に議論すること。参加する理由は、この場が大好き、ただそれだけだと思う。私の場合は、こうして積極的に学会に参加し、動いていたことが結局今につながっているし、頑張ってよかったと思うところである。

人脈は財産

私はそもそも人に話しかけることも、見ず知らずの人と話すことも得意ではない。普通に恥ずかしがりな人間である。しかし「ここぞ」と思った場面では、その感情を押し殺して身を投じてきた。その点で、研究を始めてすぐの学部時代や修士時代の自分の人脈は、自分自身が努力して得た成果だと自負している。なんとしても人脈を広げねばならないと思って、必死にやってきた。

なぜそんなに必死だったかというと、自分だけで考えることに限界を感じていたからだ。初めて学会に参加したのは学部1年のときだが、知り合い以外の人とも積極的に話した学会は、学部3年生の秋の昆虫学会が初めてである。

ちょうど翌年から始まる卒業研究のテーマを探していた時期で、粕谷さんとはすでに相談を始めていて、クチキゴキブリが面白そうという話までは固まっていた。「カミキリの産卵行動かゴキブリの子育てがやりたいです」と粕谷さんに言ったら、「ゴキブリがいいんじゃない?」と即答されたのであった。しかし、研究を考えるための知識は圧倒的に足りていないし、論文は英語がネックになって読むのに時間がかかる。それでも、どうにかして短期間でインプットの量を増やさなければならなかった。

そんなとき、参加するのが毎年の恒例となっていた昆虫学会に、昆虫の親子に関する小集会というのがあり、嶋田さん（70ページ参照）のクチキゴキブリの話があるというのを目にした。迷わず飛び込み、小集会の後に開催された懇親会にも、勇気を出して参加したのである。

世話人の一人で、シデムシの親子関係を研究している北海道大学の鈴木誠治さんに、

「何の繋がりもないんですが、懇親会に参加してもいいですか……」と声を掛けたときの緊張は、相当なものだった。「だれでも歓迎ですよ、というかぜひ参加してください」と言ってくださったときの情景を今でもはっきりと覚えている。あの言葉に新参者の私は心底救われた。

懇親会は私を含めて8人程度の参加者で、学生はいなかったと思う。私は自己紹介をして、こんなことを考えている、来年から卒論である、と伝え、こういう研究がしたいということを無我夢中でいっぱい話した。このときはまだ翅の食い合いを思いついておらず、クチキゴキブリの子育てを研究しようと思っていた。しかし、もうひとりの世話人である鳴門教育大学の工藤慎一准教授に

「他の昆虫で子育ての研究はたくさんある。これらの昆虫ではできないことをゴキブリでできないと意味がない」

と言われ、はっとした。そのあと同じく鳴門教育大の教員で工藤さんの奥様の小汐千春助教授に行動学会への参加を勧められ、行動学会に行ったことで初めて「他の虫ではできない＝クチキゴキブリにしかない行動」と考えられるようになった。このことがもとになって最終的に「翅の食い合いは他では聞いたことがないぞ」と思い至ることができたのである。

ちなみに、翅の食い合いの話を粕谷さんに持っていく前に、もう一度工藤さんとお話しする機会があった。翅の食い合いのことを聞いた工藤さんは、

「それは面白い。粕谷さんにそのテーマを持っていくときに自信がなければ、工藤が太鼓判を押していたと言ってくれても全く構わない。ボクから言うことは何もない」

と言って背中を押してくれた。これらの懇親会がきっかけで、臆することなく教員と話をする癖が付いたのかもしれない。学術的な話はもちろん、周囲の研究者の面白（とんでも？）エピソード、研究者を取り巻く環境の話など多くのことを教えてもらったし、彼らの話は純粋に聞いていて面白かった。

自身も学会発表するようになってからは、研究に興味を持ってくれた人と会場で最後まで議論していてそのまま飲みに行ったりすることもある。また、学会で面白い発表をしていた人に直接、質問しに行き、その流れで食事に行ったこともあるし、会場でたまたま話していた人が研究室メンバーと飲みに行くというので、飛び入り参加させてもらったこともある。このようにして、濃密に自分の研究の話をする場をじりじりと積み重ねていった。

本当にたまたまその場に居合わせた、ということもあるが、実は偶然を装っていることのほうが多い。この人の研究は面白い、しっかり話してみたいと思ったら、がんばって話しかけて、じっくり研究の話ができる機会をなんとか作り出すのだ。

ロックオン作戦

学会は、誰もが知っているあの論文を書いた人、誰もが1冊は持っているあの本を書いた人――そんな人と直接会うことができる絶好の機会でもある。つまりフェスと思っている。実際のフェスでは無理だが、学会ならば握手も、研究の裏話・暴露話を聞くことも、サインも自分から展開させることができる。

握手したければ握手してくださいと言えばいいし（研究者に対して握手だけしたいという人はなかなかいないが、研究の話で心底、意気投合したときに熱のこもった握手をすることはよくある）、論文作成の裏話なんて、むしろ著者のほうが聞いてほしくてうずうずしているし、著書とペンを持っていけば、サインだってもらい放題だ。当然、分別はわきまえなくてはならないが。

学会の参加者は、事前に公開される学会の要旨集に名簿が載っていることがほとんどなので、すぐに調べることができる。要旨集とはプログラムのことで、数日にまたがることが多い学会で、その日のスケジュールや、発表される研究のタイトルと要旨がすべて載っている。

多くの学会で、会期が始まる1～2週間前には要旨集が公開される。自分が参加する学会にどんな人が登壇するのか、何について発表するのか等、下調べすることができるのだ。私は毎回、学会に行く前には発表一覧を見て、どの発表を聞きに行くかピックアップすると同時に、その学会で絶対話したい人を1人決めて臨んでいた。これを個人的に「ロックオン作戦」と呼んでいる。

絶対話したい、というのは、会話ができれば天気の話でもなんでもいいとか、ただただその人と話してみたいというミーハー根性とは違う。自分と自分の研究を売り込んで、絶対に覚えてもらうぞということだ。その人自身が面白い研究をしていて、かつ、私の研究にこの人からのアドバイスがほしい、という人に狙いを定める。

そのような人はアクティブに研究活動していることが多いので、学会に参加するだけでなく、研究発表が予定されている可能性が高い。また、一般講演ではなく、シンポジウムとか小集会とか、企画者が会の後に登壇者と聴衆で懇親会を予定しているようなものに呼ばれていることがままある。そうなるとこっちのもので、懇親会に行って近くの席に座り、直接話しかけるか、共通の知り合いに紹介してもらったりして、自分の研究の話をするのだ。

そうした機会がない場合は、学会全体の懇親会を狙う。その人の発表について質問をしに行くのである。ターゲットが見える位置を確保し、その人が一人になるタイミングを待つ。もしくは共通の知り合いがいれば、「紹介してくれませんか」と頼むとより確実だ。

2022年4月から現在、学振CPDの国内での所属先は京都大学昆虫生態学研究室であるが、教授の松浦さんと初めて話すことができたのも、この作戦の賜物であった。2017年に、個体群生態学会が九州大学で開催され、当時修士1年だった大崎は発表者、兼アルバイトとして参加していた。この学会に参加していたのが松浦さんである。

松浦さんは、日本のシロアリ研究で最も有名な研究者の一人だ。シロアリがゴキブリ目に完全に包含されるという論文は2007年に既に出ていたので、シロアリの知見はゴキブリのことを考える上で大いに参考になると思った矢先であった。

アルバイトでもあったので、発表中は運営業務に忙しく、懇親会会場に着いてから、やっといろいろな人と話す時間ができた。そのとき私は、要旨集の表紙イラストを担当していて、屋久島の森の景観を描いたのだが、これを静岡大学教授で周期ゼミの研究をされている吉村仁さんがいたく褒めてくださった。仁さんは当時すでに退職間近だったはずだが、全く気取ったところがなく、退職された今でも研究を楽しんでいる雰囲気を全身から噴射しているハートフルなおじいちゃんである。

「このイラストは、実際の動物界の構成を反映してるよね！　普通は哺乳類を多く描いてしまいがちだけど、実際は（自然界では）節足動物が一番多いでしょ？」

実のところ、照葉樹林と渓流という環境に生息している自分の好きな生き物をひたすらに描いたら、結果的に節足動物が多くなったのだが、学術的に整合性があると言われたことがうれしかったのを覚えている。仁さん、ありがとうございます。

そうして気さくな仁さんと話しつつ、立食パーティー形式だった懇親会で松浦さんと同じテーブルにたどり着いた。しかし、松浦さんの周りから人が途切れることはなく、どうやって声をかけようかと考えていたところ、私の研究内容を聞いた仁さんが
「松浦さんと話したことある？　紹介してあげよっか？」

と神の一声を掛けてくださった。

「お願いします！　今回ずっとお話ししたいと思っていたんです」

その場でお知り合いになった仁さんに繋いでもらって、松浦さんにたどり着いた。自分の研究について必死に話し、ゴキブリの飼育がまだうまくできないことを相談すると、話の終わりに松浦さんから、

「シロアリの飼育、見たかったらうちに見学に来てもいいよ」

と言っていただいた。何ということだ！　行くしかない。

「来るならセミナーもやってね」

「ありがとうございます！　セミナー……？」

当時の私は知らなかったが、研究室というのは、外部から研究者が訪ねてくると、せっかくだからお前の面白い研究の話を聞かせろ、ということでセミナーを開催し、研究室メンバー＋αで寄ってたかって聞くのが普通だ。研究室メンバーは、それまで知らなかった研究について知ることができるし、発表する側としても、じっくり時間を取って意見をもらえるのでWin-Winなのである。

ということで、京大の昆虫生態学研究室を訪問し、セミナーをした後、私は松浦さんにシロアリの飼育方法について実物を見せてもらいながら詳細に解説してもらった。

飼育方法は、開発者の着眼ポイントと共に解説してもらうことに意味がある。容器を見ただけでは何のためにそれぞれの部品や形状が採用されているか分からないからだ。このときに松浦さんから聞かせてもらったテクニックは、今でもクチキゴキブリ飼育のベースになっているものばかりだ。中でも紹介してもらって今も飼育に欠かせない材料となっているのが、前述したセルロースパウダーである。見せてもらった商品名を控えて、福岡に帰ってすぐさま注文した。そのときから今まで、これを欠かしたことはない。

それ以来、京大で学会がある度に松浦さんの研究室にお邪魔したり、松浦さんの論文の図を作成して共著者になったりという交流が続いた。徐々に、研究だけでなく自身のことも知ってもらい、ポスドクとして在籍するまでになった。学会での出会いが、私の人生に大きな影響を与えたのだ。

しかし、ここまでに述べた話は肉食系な学会の捉え方であって、私とていつもこの思考で動いているわけではない。

くり返しになるが、学会は、楽しい。基本的にそれでよいのだ。

「生き物がこんな複雑なことをしている。人間の感じ得ないことを知覚して、こんな戦略で生きている。なんて面白いのだろう」

生き物の生態を楽しむ心があり、その上に肉食系学会思考があるという構造を忘れてはならない。

賞はブーストアイテム

学会には、様々な賞も存在する。大小合わせて10にもなる賞を設定する学会もあるが、多くの学会に共通するのは以下の4つだろうか。

学会賞：一般的に、その学会が授与する最も大きな賞をいう（一つの学会に学会賞がいくつか存在する場合もある）。学問分野への長年の貢献に対して授与されることも多い。
論文賞：その年の学会誌に載った論文の中で、最も優れた論文に贈られる賞。
奨励賞：学会が特定の研究者の活動を評価し、応援するという趣旨の賞（奨励対象によって名称が異なる）。
発表賞：審査員の審査もしくは投票制で、優れた口頭発表、あるいはポスター発表に贈られる賞。

学生の参加者は、主に発表賞を狙っていく。発表賞には、最優秀賞と複数の優秀賞が設けられることがほとんどなので、チャンスも多いのだ。発表賞といっても、発表技術だけが評価されるのではない。研究内容、解析の適切さ、考察の面白さ、もちろん聴衆への配慮などの総合評価である。

実は、私が翅の食い合いについて学会発表をしたとき、発表賞を獲るのは半ば諦めていた。というのも、当時は翅の食い合いもクチキゴキブリの生態も、まだまだ未知なことばかり。研究発表の面白さでは負けない自信があったが、それは将来性も加味してのことであり、解明できている事実の量で見るとどうしても他の発表に劣る。翅の食い合い研究は、基礎的な情報から地道に一つひとつ積み上げている段階で、受賞するには不足感があると思っていた。

しかし、2020年の動物行動学会でクチキゴキブリは遂に優秀ポスター賞をもらったのである。発表は、翅の食い合いがオスとメスの協力行動になっている可能性が高いという結果を示した内容であり、これまでの発表の中で、翅の食い合いの意義の解明に最も迫った内容だった。

前年からコロナが流行し、オンラインでの学会発表が始まった年だった。受賞者は懇親会で表彰され、そのときまで誰が受賞者か分からない。当時、研究室に来て自身のパソコンからオンライン参加していたのだが、まさか自分が受賞しているとは思わず、オンライン懇親会の冒頭、私は借りていた文献を返却しに大学図書館に行ってしまっていた。表彰をすっぽかしてしまったのである。

その後、機嫌よく図書館から帰ってきて、あろうことか、研究室のキッチンで優雅に夕食を作りながら、遅刻して懇親会に参加した。それを見つけた参加者の一人が、「佐藤さん（実行委員長を務めていた先生）、大崎さんいたよ！」と報告してくれたのだ。後日、郵送されてきた表彰状は、学位記（学位を取ったときの卒業証書のようなもの）とともに大切に保管されている。

賞を獲ると、受賞者がうれしいということの他に、どのようないいことがあるだろうか。

それは、賞がある種のブーストアイテムになることだと思う。

受賞は履歴書や実績リストに記載できるので、助成金の申請や教員公募に応募するときには必ず明記する。これらの選考を担当するのは、自分と同じ分野の研究者ばかりではない。つまり、審査員たちにとって、この人の研究はどのくらい投資する価値のあるものなのかを判断する目安になるのが「受賞歴」なのである。いうならば、申請書にブーストをかけることができるのである。

そのため、様々な学会で賞をもらっていれば、より強力なブーストをかけられるだろう。私はそう考えて、九大の博士課程を卒業前にもう一つ、別の賞に応募した。九州大学の女性研究者・大学院生を対象にした奨励賞である。伊藤早苗賞と呼ばれており、女子大学院生部門で人文・社会科学系、理工系、生命物科学系から1名ずつ選考した上で、最優秀賞1名、優秀賞2名程度を決定するというものだった。

粕谷さんの推薦状のおかげもあって書類選考を通過し、プレゼンによる二次選考へ。この時点で、応募者は各分野から1名ずつに絞られており、優秀賞以上は確定していた。あとは誰を最優秀賞にするか、ということである。

「ここで最優秀賞を獲れたら、九大がゴキブリ研究を（女性大学院生の中で）最優秀と認めた、ということになって面白いではないか」

審査員たちのバックグラウンドを分析したうえで、どういうプレゼンなら自分の研究を印象付けられるのか、作戦を練った。本番、質疑応答の手応えは悪くなかった。みな、ゴキブリに興味津々である。そんなこんなでプレゼンから数日たったある日、大学本部から「最優秀賞です」という書面が送られてきた。クチキゴキブリは、晴れて九州大学公認(?)となったのであった。ゴキブリ万歳。

ここまで、賞について「強力な」とか「ブースト」とか、まるでゲームアイテムの獲得のような表現をしてきたが、賞を獲れたときやフェローシップに採用されたとき、忘れてはいけないのが周囲への感謝である。賞の獲得は実際にゲーム的な側面はあるし、そのくらい気楽に構えるほうが楽しく取り組めると思う。しかし、周囲の方々は本気で応援してくれていて、推薦状やその他諸々でもお世話になっているはずなので、感謝は怠らないようにしたい。

国際学会で存在感を放て

学会は国内ばかりではない。2年に一度や4年に一度といった間隔で開催される、国際

シロアリとゴキブリの共通祖先（予想図）

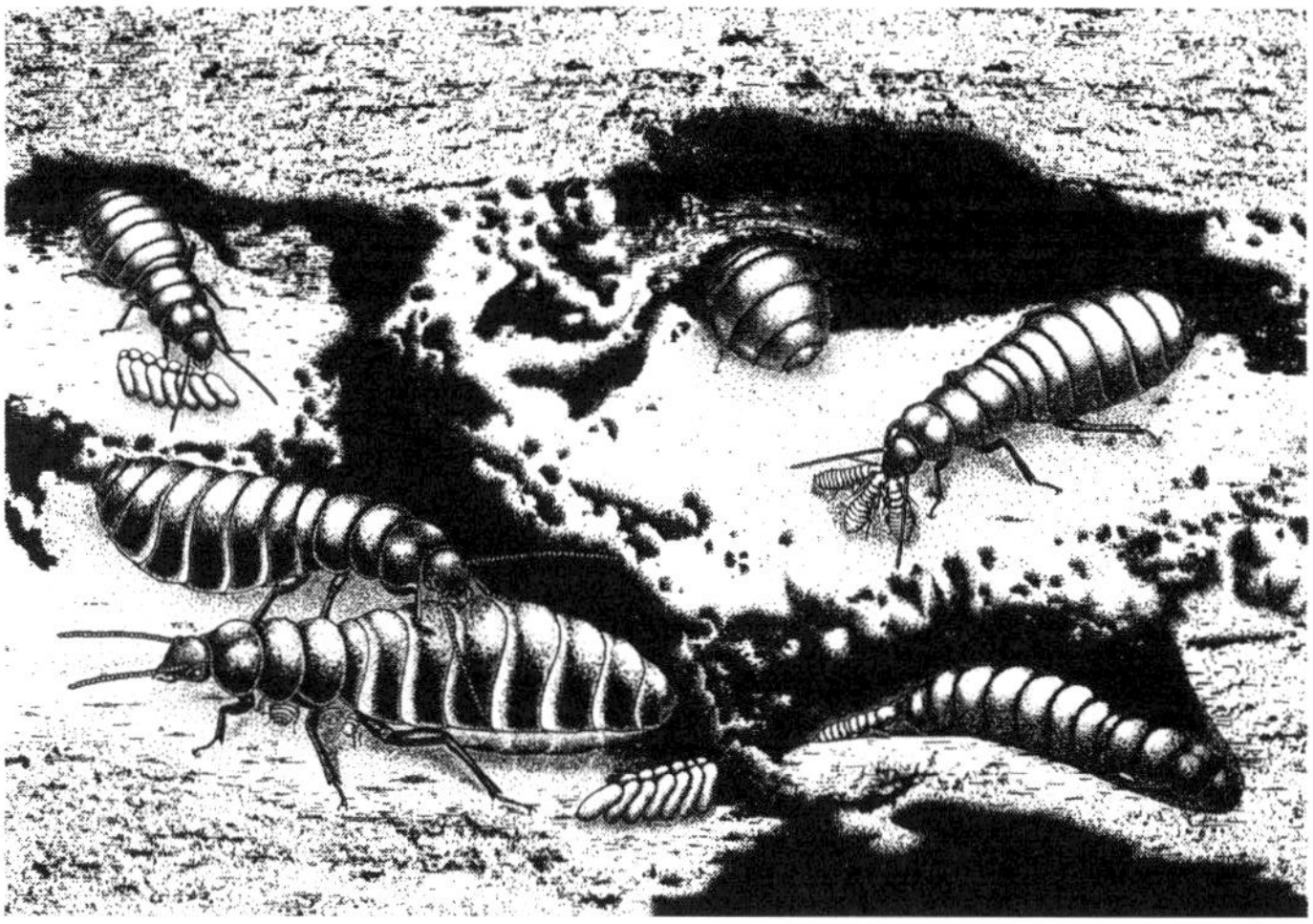

松浦さんから依頼されて描いた。シロアリはゴキブリ目に完全に内包されるという分子系統解析結果が2007年に報告され、シロアリに最も近縁であるキゴキブリとシロアリの特徴を両方とも持つように描いたもの。想像上の生物を描くのは初めてで、大変苦労した。個人的には中央上のオケツだけ出ている個体がお気に入りである。

学会なるものがこの世には存在する。まるでオリンピックではないか。

国際学会というと、狭義にはinternationalと銘打つものを指すが、アメリカ生態学会（ESA）の年次大会など、海外の国内学会のことも含めてなんとなく国際学会と呼ぶことが多い。日本の生態学は欧米からもたらされた個体群生態学が始まりであることも影響してか、今でも欧米諸国が生態学の本拠地であり、日本から海外の国内学会に参加する人もいる。生態学の研究者が海外での研究経験を一度は積むべしと言われるのも欧米諸国が本場だからである。

私が参加したことのある国際学会は、国際行動生態学会（ISBE）、ヨーロッパ進化学会（ESEB）、国際社会性昆虫学会（IUSSI）である。いずれも、複数の国と地域から参加者が集まる。

私の国際学会デビューは2018年、修士2年の8月にアメリカのミネアポリスで開催された国際行動生態学会であった。鳴門教育大の工藤さん、小汐さん（141ページ参照）が自分たちも行くから参加しないかと誘ってくださったので、二つ返事で行くことに決めたのである。粕谷さんは、あまり国際学会に参加しないタイプだったので初めての国際学会にも関わらず指導教員抜きで参加することになった。初めての野外調査に行くときにも聞いたことがあるような話だ。

やった、海外だ！と興奮していたが、ふと我に返ってみると、国際学会ということは英語で喋らなくてはいけないことに気づいた。英語での論文は1回書いたことがあるが、普段は英語で話す機会などない生活を送っている。しかし、学会発表のためのアブストラクト（要旨）も提出してしまったし、参加費（約３００ドル。これでも学生料金なので、教員の工藤さんたちは一人６００ドルほど払ったはずだ。ひー）も振り込んでしまったので、腹をくくるほかない。ちなみにこの参加費は、ＩＳＢＥがボッタクリというわけではなく、国際学会標準価格である。

実際のところ、英語は非ネイティブの人ならみんな、ある程度不得意であり、サイエンスの共通言語はブロークン・イングリッシュである。

特に国際学会のような場においては、英語ネイティブの人たちも、できるだけ難しい単語を使わずにゆっくり話してくれるし、こちらの発言を辛抱強く聞いてくれる。場に慣れていない学生は、勢い余って早口でまくし立てることがあるが、「ゆっくり話して」と言えば対応してくれる。優しい世界なのだ。

英語が重要ではないなら何が重要かというと、伝えたいと思う話題を持っていることである。発表ではもちろん、自分の研究内容を聞いて、面白いと思ってほしいと考えるから、文法的には支離滅裂な英語でも、がんばって言葉を重ねて話す。意味が通じなければ相手が質問してくれるので、一つひとつ、考えながら答えればいい。相手も聞きたいから、返事を待ってくれる。

このとき、英語が苦手だなんて、もう意識から飛んでいる。ただ伝えたい、理解してもらいたいという想いの強さで、研究者同士はコミュニケーションがとれるし、親しくなる。どうしても相手の言葉が聞き取れなかったり伝わらなかったりすれば、筆談でも何でもいい。意思疎通を図りたいと思う話題さえあれば、手段はいくらでもあるのだから。

学会の発表形態は、口頭発表とポスター発表の2種類がある。国内・国外問わず、一般に言えると思うのだが、口頭発表のほうがポスター発表より評価される。国内の学会では、発表の内容が事前に審査されることは稀だが、国際学会では事前審査があるのが普通である。

例えば、口頭発表を希望していても審査の結果、口頭発表に値するレベルに満たないとか、シンポジウムのテーマと合わないなどの理由で、ポスター発表に変更させられることもよくある。もちろん、最初からポスター発表を希望することも可能だが、ポスター発表にも審査があり、ここで落とされると発表すらできない。

私の場合、もともと学部4年の11月に行った初めての学会発表がポスター発表だったこともあり、それからもずっとポスター発表をメインにしていた。ポスター発表はＡ０サイズなどの大きな1枚の紙に研究内容をコンパクトに収めて印刷し、学会のポスター会場の指定されたボードに貼る。その前に立って研究の説明をして、聞いてくれた人からコメントや意見をもらうという発表形態である。

一方、口頭発表は持ち時間が15分などと決められており、その中で発表12分、質疑応答3分というように指定されていて、持ち時間内で完結させるという方法だ。質問したい人がたくさんいて、時間がオーバーして質問できなかった場合は、後ほど機会を見つけて個人的に声をかけることになる。

私は、ポスター発表が好きだ。学会中、ポスター発表の時間として決められたコアタイムはあるのだが、通常、学会中はコアタイム以外の時間もずっとポスターを貼っていられる。なので、ポスターを貼っておけば、いつでも訪れた人に自身の発表ができるし、質疑応答の時間も限られないので、濃い議論をすることができる。その場で名刺交換することも可能だ。

発表資料の前で研究者同士、キャッキャできるのである。盛り上がらないわけがない。粕谷さんがポスター派だったこともあり、「ポスターでいいですよね（大崎）」「いいんじゃない（粕谷）」という簡単な会話で発表形態を決めていた。

それもあって、英語が多少ぐちゃぐちゃでもポスター発表だから時間がたっぷりあるし、どうにか意思疎通できるだろうという気楽な構えが可能だったのである。しかし、2022年7月に参加したIUSSIは、そういうわけにはいかなかった。今回は意気込んで口頭発表に応募し、受理されたからである。初の英語口頭発表だ。

一番大変なのは、原稿である。ポスター発表のときも英語で作成してはいたが、口頭発表となると、研究内容を過不足なく説明したうえで、時間内にきっちり収めなくてはならない。発表中に思いついてアドリブを挟んだら、絶対に時間オーバーしてしまうだろうから、そういう衝動も抑える必要がある。

IUSSIの学会初日はオープニングのみで、2日目から発表が本格的に始まるというスケジュール。そして私の発表はその2日目に予定されていた。発表資料は前日の15時までに会場の発表用のコンピュータに移すようにというお達しで、つまり私は学会初日までにすべて完成させなければならなかったのだが、直前に発表を聞いてもらった松浦さんから構成を変えたほうがいいとコメントをもらい、学会の前日に構成を組み直した。

つまり、原稿も作り直しである。そしてスライドは、発表練習をする中で原稿にあわせて何度か修正を入れる。要は、原稿を練り直し、スライドの内容をブラッシュアップするというタスクを学会初日の朝までに終わらせて、指定された15時までにそのファイルを移し、オープニングに参加するということだ。

それでも発表資料の提出までには時間が足りず、発表当日に差し替えさせてもらった。会場で臨機応変に対応してくださった方に感謝である。

そこまで準備したものの、いざ自身の順番が回ってきてスポットライトの当たったマイクの前に立つと、否応なしに緊張した。マイクが拾わないほど声が細くなりそうになりながら、なんとか初の国際学会口頭発表を終えたのであった。

私が参加した３つの国際学会では、ポスター発表、口頭発表にかかわらず、研究に興味を持って声を掛けてくれた研究者がいて、非常にうれしかった。特に２０１８年のＩＳＢＥに参加した当時は、「クチキゴキブリの翅の食い合い」の論文をまだ出していなかったときだ。

国際学会で発表するということは、自身の研究を世界に向けて公開するということであり、最悪の場合はアイデアを盗まれるということも考えなくてはならないと、気を張っていた。しかし、国際学会で出会った人々は皆、純粋な興味を持って私の発表を聞きに来てくれて、応援してくれた。

特にＩＳＢＥで出会ったS・Sakaluk博士（イリノイ州立大学）は、婚姻贈呈の有名な研究者で、博士の研究するキリギリスの仲間は、メスがオスの翅を食べるという。以前、それについて論文で読んだことがあると話したところ、

「それは僕の指導教員の論文だよ！」

と言ってくれて、大いに盛り上がった。さらに私のポスターに粕谷さんの名前があるのを見て、

「彼の論文は素晴らしかった。今日は来ているのか？」

と聞かれ、参加していないことを伝えると残念がっていた。そんなこんなでお互いの指導教員話で大いに盛り上がったのを覚えている。

帰国後もメールで御礼を伝え、いざとなれば連絡を取れる間柄になることができた。このときの縁で、私が博士号を取った後、学振の海外特別研究員（通称：海外学振。海外の研究室を自身で選んで2年間派遣してもらえる制度）に応募しようと考えたとき、派遣先の受入研究室になってもらえないかと相談することができた。

最終的に、Sakalukさんの研究室は辞退することになったが、親身に相談に乗っていただいた。研究室の学生からの評判もとてもいい先生だった。アメリカに滞在している間に、ぜひ研究室を訪問させてもらいたいと思っている。そのときには、研究の面白い話で恩返しができるようにしたい。

第7章

翅は本当に食われているのか?

飼育方法がわからない

私が研究を始めた当時、クチキゴキブリの飼育方法は確立されていなかった。飼育は室内実験をするためには絶対に必要だ。リュウキュウクチキゴキブリのようにすぐに採りに行けない研究対象である場合は特にである。しかし飼育方法の確立は研究対象をよくよく観察し、彼らに必要な環境を理解しないと成し遂げられない。

私の研究の場合は将来的に子の生存まで観察したかったので、繁殖させて、生まれた子が繁殖可能になるまで安定的に育てられるようにならないと確立したとは言えない。1年目で繁殖まではできなくても、幼虫が羽化不全（羽化途中で死んでしまう、翅がうまく生えてこないなど）にもならずに成虫になってくれる、そして、何より翅の食い合いをしてくれるような飼育環境をなんとしても開発する必要がある。

卒業研究から試行錯誤を繰り返し、ようやく飼育の基本要素である容器とエサについて確信を得たのは、研究を始めて3年目、修士2年なったときのことであった。

当初、クチキゴキブリの飼育方法が分からなかったため、とりあえずコロニーのいた野外の朽木の塊をプラスチック容器に入れて飼育していた。野外ではこれを食べて生きていたのだから、大きな問題はないだろうと思っていたのだが、なんとこれが深刻な間違いであったのだ。飼育を始めて１カ月ほど経った頃、クチキゴキブリは朽木をあまり食べなくなってしまった。食べないものだから、彼らはみるみるうちに痩せ細っていった。

クチキゴキブリは痩せたりおデブになったりする。節足動物なのに何を言っているのだ、外骨格は膨らまないだろ、と思われるだろう。しかし、彼らを日々観察していると、腹部がちょうちんのように縮んだり伸びたりするのだ。

お腹のちょうちんが縮んでいて横から見て平べったくなっている個体はおヤセさんである。しっかり食べてもらわねばならない。こういう個体が多いときはエサの質が悪くなっていることがあるので、エサ替えの指標に使ったりもする。脱皮直後の個体もこんな体型だ。

逆に、腹ちょうちんがぱんぱんに張っていて、横から見ても上から見ても幅が変わらないむちむち個体はおデブさんである。こういう個体たちは、次の脱皮が近い。中には次の齢になるための大きな体がぎうぎうに詰まっているのだ。

ちょうちんが縮んで横幅があり、全体的に小判形の体型ならおヤセ、ちょうちんが張って縦長になり、間延びした体型ならおデブ、というのがゴキブリ界での常識。人間とは逆に、腹部に横幅があるほうが、ゴキブリ界ではモデル体型なのかもしれない。

しかし、野外では、1カ月で朽木を乗り換える訳ではない。朽木を食い尽くすまで、数年その中で生活するはずである。1カ月で食わなくなってしまったのは、ゴキブリではなく朽木に原因があった。

朽木は、生き物である。確かに朽木は木が枯れたものなのだが、そこにキノコの菌糸がはびこることで腐朽材、つまり朽木となる。菌糸の状態によって朽木は変化していくのだ。クチキゴキブリは、朽木の中でも白色腐朽材（白枯れ）と呼ばれる白っぽい朽木を好む。腐朽材には、他に褐色腐朽材（赤枯れ）、緑青腐菌（ろくしょうぐされきん）の入った腐朽材などの種類がある。

枯れ木に入る菌の種類によって、どの腐朽材になるかが決まる。白色腐朽材は、朽木の中でも数が多く、サルノコシカケやヒラタケをはじめとしたキノコの菌糸が入ったものである。しかし、白色腐朽材ならばどんな朽木でもクチキゴキブリが入る訳ではない。朽木の状態の変化に応じて様々な分解者がやってきて、朽木の分解は進んでいく。

クチキゴキブリは、白色腐朽材の分解の初期段階を担う分解者だ。クチキゴキブリと同じか少し早くに穿孔するのがヒラタクワガタの幼虫で、オキナワヒラタの幼虫とリュウキュウクチキゴキブリが同じ材から採集されるのは、よくある光景である。

クチキゴキブリのコロニーがいなくなった後は、朽木がかなり柔らかくなっていて、クシヒゲムシの幼虫やハエ類の幼虫が見られる。クチキゴキブリが作ったとおぼしきトンネ

クチキゴキブリの体調チェック（体型変化）

左が痩せている個体、右が太っている個体である。痩せている個体は手で持ったときに明らかに薄いのが分かる。脱皮直後は外骨格だけが一気に大きくなるので左のような小判形になる。コロニー全体がこのような体型になっているときはエサの交換が追いついていないサインなので「すまん、すまん」と言いながら新しいエサをやるともりもり食べ始める。

ルに、アリやシロアリが入っていることもある。

新しい白色腐朽材に穿孔して分解するのがクチキゴキブリなのだ。よって、分解の進んだ朽木にはクチキゴキブリは入っていない。朽木の組織に菌糸がよく回っていて、かつぼろぼろでないことが、彼らにとって重要なのだろう。

その点、プラスチック容器の中で1カ月経った朽木は見るからに色が黒ずみ、菌糸が新鮮とは言い難い状態になってしまっていた。プラスチック容器内の環境が、朽木の菌を健康に維持するには向かない環境だったと考えられる。しかし、1カ月に1回のペースで朽木を採りに沖縄へ行くことはできない。

白色腐朽材なら、伊都キャンパスを日本最大の敷地面積たらしめている大学構内の自慢の緑地、生物多様性保全ゾーンにも落ちているが、土壌動物や細菌が沖縄のものとは違うはずなので、予期せぬ悪影響があると困る。それに、野外から取ってきたものは一つひとつ状態が異なる。なるべく避けたい。実験で不要な心配を減らすためにも、個体の飼育条件はできるだけ揃える必要があるのだ。

そこで思い出したのが、クチキゴキブリがヒラタクワガタの幼虫とともに同じ材から出てきた光景であった。

ヒントは現場に

「クワガタの幼虫のエサを使えば飼育できるのではないか?」

クワガタの幼虫を本格的に飼育するには「菌糸ビン」という昆虫用品を使用する。広葉樹の木材を粉砕したフレークをぎゅうぎゅうに詰め込み、そこに特定のキノコの菌糸を植え付けて菌糸でフレーク表面が真っ白になるまで繁殖させたものだ。

菌糸ビン作成のために、フレークをものすごい圧力で押し込む専用機械まで存在する。この機械のおかげで、フレークは人の手では到底詰められないような硬さに押し込まれる。一度砕いてからぎゅうぎゅうに押し込むことで、通常の木材よりも内部が好気的になり、菌糸が適度に繁殖しやすい環境になっているわけである。

クワガタの幼虫は、木材よりもむしろ菌糸を食べていることが分かっている。こうして菌糸が元気に巻いた環境で飼育することで大きく立派に育つというわけだ。この菌糸ビンは日本で独自に生み出された昆虫用品だそうで、海外の雑誌でも「Kinshi-bin」という、そのまんまローマ字表記で紹介されていた。

昆虫なんぞのために、砕いて押し込んで、植え付けて……と手のかかる道具を作ってしまうのは日本人くらいなのかもしれない。海外には、昆虫を飼育するという文化があまりないと聞く。昆虫標本の文化は古くから活発だったようなので、標本作成道具はむしろチェコやオーストリア、ドイツなどをはじめとした海外製のものが有名だが、飼育用品はあまり聞いたことがない。

乾燥した気候のヨーロッパでは標本の保存は簡単だったろうが、飼育は難しかったのかもしれない。そう思うと、日本の湿潤を通り越して高温多湿なこの気候も愛おしく思えてくる。昆虫飼育文化を培った日本のまとわりつくような湿気に乾杯。

菌糸ビンには、大きく分けてヒラタケの菌糸を植えたものとカワラタケの菌糸を植えたものの2種類が存在する。菌糸ビンの菌糸は昆虫の飼育に使わないときは冷蔵庫などに入れて保存する。室温のような暖かいところに置いておくと、菌糸が活発になって元気にキノコを生やしてしまうためだ。

ちなみに、生えてきてしまったヒラタケは食べることもできる（らしい）。あまり味はしないそうだ。一般的に使われることが多いのはヒラタケの菌糸ビンで、ヒラタクワガタなどの飼育に使用する。カワラタケの菌糸ビンは、ヒラタケでは飼育できないクワガタに用いられる。ヒメオオクワガタなどだ。

どちらを利用するのかは、その昆虫が野外で食べている腐朽材の菌の種類で決める。クチキゴキブリは、ヒラタクワガタと同じように飼えると踏んだ。そうと決まれば、ものは試しだ。ヒラタケの菌糸カップ120ミリリットルを72個セット、まとめ買いした。送料が節約できて大変お得である。

数日後、「昆虫用品」と書かれた怪しいダンボールが事務室に届いたと電話をもらい、無事大量の菌糸カップを入手。受け取りに行ったとき、事務の人から「これはもしやゴキブリの……？」と聞かれたので「ご明察です」とお伝えした。生物事務の皆さんは、怪しいダンボールには慣れたものである。

不思議なダンボールが事務に届く犯人は何も著者ばかりではない。品名に「土」とか「草」とか書かれた野外サンプルが届くのは日常茶飯事であるし、それが外国から送られてきて箱がボッコボコになっていることも全く珍しくない。

こんなこともあった。ある日、指導教員の不在時に粕谷さん宛の小包が届いたので、居室が同室の私に取りに来てほしいと事務から電話があった。急ぎかと思ってすぐさま取りに行ったところ、60サイズほどの非常に小さな箱がちょこなんと置かれている。

「これですか？」

「そう、ここに品名が書いてあって、もし昆虫のエサだったらと思って……」

そう言って事務の人が指し示してくれた伝票には「ドライフルーツ」と書かれている。

確かに健康志向、食べさせたら元気に生きてくれそうだ。しかし、これは、今回ばかりは、昆虫のエサではなかった。

「これは、先生自身のおやつ、ですね……」

住まいは完全オーダーメイド

さて、次はこの菌糸をどのような形でゴキブリに与えるかを考えねばならなかった。菌糸ビン、菌糸カップという商品は本来クワガタ幼虫飼育のための商品なので、クワガタ幼虫ならその中にぽんと入れればそれで飼育できる。

しかし、今回のお客はクチキゴキブリなのだ。そして、飼育しながら観察もしたいのだ。だからクワガタ幼虫のようにぽんと入れてしまうと、菌糸カップの奥深く潜って見えなくなってしまう。これは避けたい。

ここで思い出したのは、クチキゴキブリの野外コロニーの形状である。クチキゴキブリのコロニーは、トンネルといっても細い管がずっと続く血管のような構造をしているわけではない。クチキゴキブリが棲む材の内部には高さ15ミリメートルほどの平たい広場のような空間がところどころにあり、それらを成虫がやっと1頭通れるような細いトンネルで繋いであるのだ。

最初は、アリの巣を再現するように人工的にチューブでプラスチック容器同士を繋ぐような飼育容器も考えていたのだが、平たいトンネルが彼らの巣であるなら、これは違うだろうと思った。彼らには平面が必要なのだ。

そこで考えたのが、大きなシャーレで平べったく飼育する方法である。シャーレというと普通は直径90ミリメートルほどの円形の透明容器を想像されるだろうが、この世には実験用途に合わせた様々なシャーレが存在する。

実験用品は大学に出入りしている業者を通じて購入するのが一般的で、その業者が毎年研究室に置いてくれる厚み10センチメートルはあろうかという分厚いカタログを見て購入商品を探すことが多い。このときも、いい容器はないかとカタログをぺらぺらめくっていたら見つけたのである。角型で、タテヨコ30センチメートル弱、高さ15ミリメートルの「ディッシュ」という容器を。

京大でシロアリ飼育を見せてもらったとき、松浦さんはコロニーサイズ（コロニーを構成する個体数）に応じて飼育容器の大きさを変える、と言っていた。狭すぎるとエサをすぐに食い尽くしてしまうし、大きすぎると虫は空間管理が追いつかなくなって、隅のほうからカビなどが生えてしまうのだ。

よって、大きなコロニーには30センチディッシュを、小さなコロニーにはもうひとまわり小さい角型ディッシュを、ということで2種類のディッシュを購入。家族が増えたら、大きな家に引っ越す方式だ。

しかし、このディッシュは意外に高価な代物で、大きなディッシュは1箱16個セットで4万円近いお値段である。本来、菌や細菌の培養に使用するので、滅菌処理などが施されているためだ。どうせゴキブリに使って、菌糸もいっぱい入れてしまうのにもったいない。それでもディッシュよりも優れた飼育&観察容器には、今のところ出会っていない。高いと文句を言いながら、私は今後もこの容器を使い続ける。クチキゴキブリのためである。

ディッシュの優れた点は、その透明度と適度な隙間である。野外のクチキゴキブリは湿度100パーセントに近い環境で生きているので、閉め切って湿度を高く保ったほうがよいのではと最初は考えてプラスチック容器で飼育していたのだが、これは大きな誤解であった。どれだけ湿度の高い環境に生息していようとも、ほとんどの陸上生物は適度な通気がないと健康を保つことができないのである。

でも、湿度は高くなくてはならない。矛盾しているようだが、朽木の内部ではこの絶妙

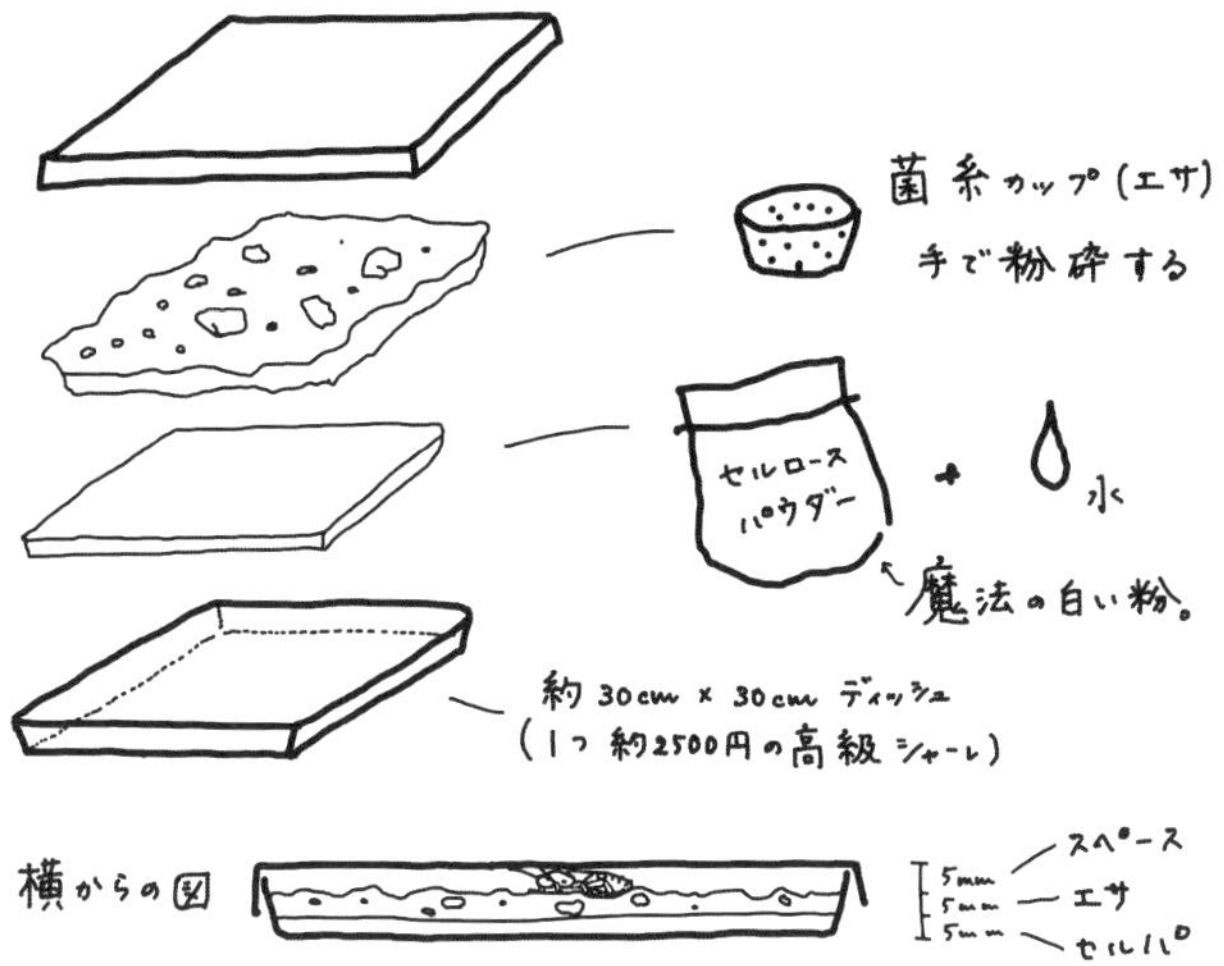

ディッシュの家

な均衡が保たれているのである。これを再現したのが、ディッシュのフタと容器の間にできるわずかな隙間である。シャーレやディッシュは、もともと菌や細菌を培養するために用いるので、密閉されないようにフタの内側に小さな突起が付けられているのだ。よって、ディッシュの中に非常に水分量の高い物を入れておけば、湿度と通気性どちらも確保することができるのである。

ここで登場するのが、またもやセルロースパウダーである。保水力が高いので、水分をギリギリまで含ませ、保湿剤としてディッシュ底に敷き詰め、その上から菌糸カップの中身を粉々に砕いてまんべんなく広げる。これで内部も観察できてかつ長期飼育も可能な飼育容器を作り出すことができたのである。

この方法を確立して以降、死亡率が著しく減った。研究を始めた当初から、飼育方法が確立できたら論文にするといい、とアドバイスをもらっていたので、この飼育方法の詳細については2021年に日本昆虫学会の英文誌『Entomological Science』に投稿し、2022年に無事掲載された。クチキゴキブリ飼育に興味があれば、ぜひ読んでいただきたい。

撮影開始!

第5章で述べた通り、なんとか実験セットを構築し、飼育方法の試行錯誤の末に健康なクチキゴキブリも揃えることができた。

次は、ペアにする個体同士を考えねばならない。野外でどのようにオスとメスが出会うのか分かっていない以上、とりあえずこちらで人為的に出会わせるしかない。少なくとも近親交配にはならないように、同じコロニーから羽化した雌雄はペアにしないようにした。

しかし、実際のクチキゴキブリの個体群密度を想像すると、そんなに密度が高いようには思えず、そういう生物の場合は血縁の近い個体と出会いやすかったり、そもそも兄弟姉妹同士で交尾してから分散する戦略をとったりすることがある。

こういうことが普通に行われるような生物では、近親交配で不利になる遺伝子が進化的にすでに失われている。つまり、これまでの近親交配の途中で、遺伝子のせいで生存や繁殖に不利な個体は、そもそも子孫を残せないので、そのような遺伝子を持った子孫がもう現在の個体群に生存していない、という可能性がある。

クチキゴキブリも、このような生き物の一例である可能性もあるが、まだ本当にそうなのかどうか確かめられていないので、近親交配が研究テーマでない以上、初めは近親交配させせないほうが無難だ。こんな試行錯誤をしつつ、卒業研究では24ペアを作成した。

ビデオカメラの真下に湿らせたセルロースパウダーを中に敷いた観察容器を設置し、全体が映るように調整。これでどこにいても君たちの行動はすべて丸見えなのだ。

SDカードを差して赤色ライトを点灯。各々のライトはプラスチック容器から等距離になるように方眼紙を下に敷いてミリ単位で調整（120ページ参照）。

煌々と照らし出されたクチキゴキブリのペアを見てほくそ笑み、暗幕を下ろす。

ゴキブリからしたら狂気的な変態である。見合い相手を選び、彼らにスケスケの愛の巣まで与えて、出会いからすべてを記録しているのだ。こうして、３日間に及ぶ撮影が始まった。

さあ、好きなように翅を食べ合いたまえ。

研究室に響いた奇声

而(しか)して1台のビデオカメラにつき2ペアの撮影を行い、それをカメラ6台分、2セット行って合計24ペアをお見合いさせて、動画撮影を終えたのが6月の末であった。

さあ、待ちに待った動画の上映である。居室の自分の机でノートパソコンを開き、SDカードを差し込み、撮れたビデオを確認する。

しかし、なかなか食い始めない。ゆったり歩いたり、静止画かと思うほどじっとしていたり、ときどきエサを食べたりして、みな優雅に過ごしている。

「もっと熱くなれよ！」

と、柄にもなくツッコミを入れてしまいそうだ。

初めての動画なのに早送りで見始める始末。無理もない。3日間連続、映画監督もびっくりな合計72時間の長編映像なのだから。

クチキゴキブリの翅の食い合い

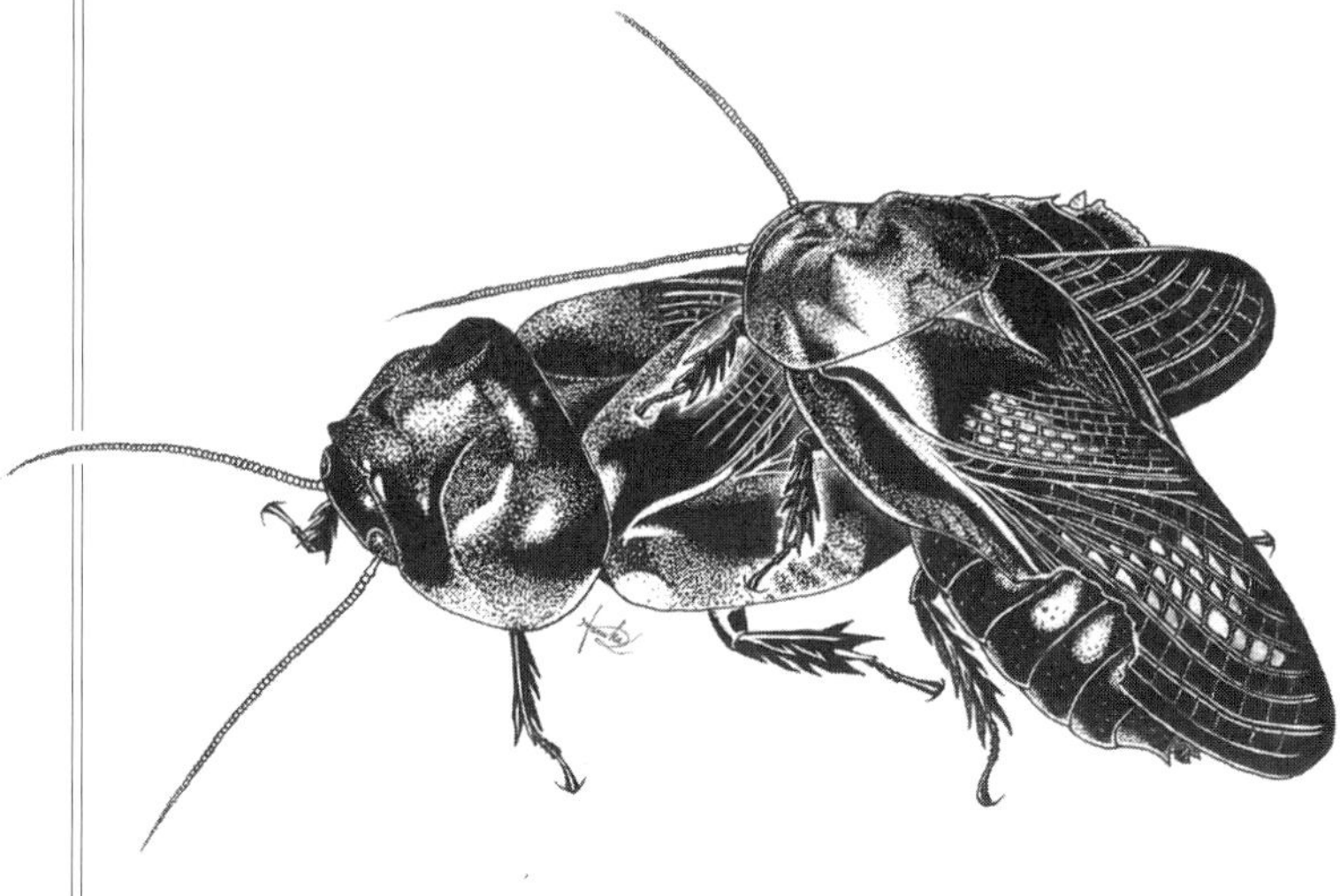

グルーミングしているなあと思って見ていると、なんの前触れもなく齧り始める。図のように翅の側面から食べ始めることも多く、必ずしも先端から行儀よく食べていくわけではない。食べられている個体も体ごと相手に傾けて、主観的に表現すれば「気持ちよさそうに」している。食べられているとき、彼らにとってその刺激はどのような感覚なのだろうか。

早送り再生を始めてしばらく経ったそのとき、不意にメスがオスの背中に乗り上げるような態勢になった。口ひげを震わせて翅の表面を探っていたが、次の瞬間、オスの翅がメスの口の動きに連動し始めた。これは……翅が食べられている！

「もっきゅもっきゅ……もっきゅもっきゅ……」

音はしないが、そんなオノマトペがぴったりのリズムで、メスはオスの翅を齧り始めたのだ。

「ぅおひゃーーー！」

学生部屋に響き渡る奇声。後ろに座っていた最上級生、当時博士3年生の中原さんがぎょっとして振り返ったのをよく覚えている。

「本当に食べていた！」

このときの映像を私は生涯忘れないだろう。

その後も見続けていくと、オスも同じように、メスの背中から直接翅を食べ始めた。その他のペアを見ていくと、オスから食べ始めるペアがほとんどであることが分かってきた。最初のペアは、偶然メスのほうが積極的だったらしい。しかし、このようにオスとメスの順序が逆になることがあるというデータが取れたことも非常に大きかった。

こうして、本当にオスとメスがお互いに翅を食べ合っていることが判明したのである。

第8章

論文、それは我らの生きた証

研究者の生業

論文を書く。それが、客観的に研究者を研究者たらしめていると言っていい。科学という作法に則って自身が得た新たな知見を、主観を挟まず、客観的に報告し、この世の理解をまた一つ進める。これが、論文を書いて世に出すことの本質であると私は思う。論文を書き続けている限り、その者は生涯、研究者と言えよう。

自身で新知見を見つけるだけで、満足してはいけないのだろうか。それだけでは、研究者と呼べないのだろうか。私が思うに、研究と論文の関係は

研究＝知の創造
論文＝知の蓄積

である。個人的な知的好奇心から始まって、研究によって新しい知見を得ることができた、ここまでが「知の創造」である。そしてこの知見を自分だけのものとせず、世界の知を広げることが「知の蓄積」である。先人が積み上げた知見や業績にもとづいて仕事をす

ることを「巨人の肩に立つ」というが、論文を書いて知を蓄積することは、巨人の背丈を高くすることと同義だろう。

私は小学生の頃、バス通学だった。登校班の指定もない学校だったが、同じ方面に帰る子達とはよくバスで一緒になった。下車するバス停が近づいてくると、車内のボタンを押してブザーを鳴らし、運転手さんに降りる意思を伝える。つまりボタンを押すとブザーが鳴るし、バスを止めることができる。

このボタンを子どもたちが取り合っている光景を見たことがないだろうか。クイズの早押しボタンよろしく、指をボタンの上にスタンバイし、自分が降りるバス停がアナウンスされた瞬間に押すことに命をかけている児童たちを。

何が彼らをあそこまで駆り立てるのだろうかと考えてみると、子どもにとってこの行為は、自分が世界に影響を与えられる数少ない体験だからではないかと私は思うのだ。

自分の行為が、世界（＝他者）に影響を与えるのを見てみたい。これは人間の根源的な欲求の一つであろう。だから、私たちはいたずらをして誰かを驚かせたいし、仕事をして誰かに感謝されたいし、自分の発見で世界をあっと言わせたい。子どもも大人も同じである。

これまでに正しいとされてきた定説が間違っていると分かったとか、こんな変な生き物を見つけたとか、意を決して入った怪しいお店がめっちゃ美味しかったとか、何でも構わない。自分で発見したことは誰かに話したくなる。

読者を納得させられる客観的なものでなければならないが、自分の発見を誰かと共有したい、世界に影響を与えたいという欲求を満たすことができるばかりか、それがこの世界の知の蓄積になる。それこそが、論文の発表というものなのだ。

冒頭で、論文を書くことが研究者を研究者たらしめる、というようなことを書いたが、この定義はあくまで私の定義である。しかし、日々研究している中で、知見を見つけるまでで終わる人と、見つけた知見に「この知見があるとはつまり、どういうことか」と意義を付加できる人は呼び分けられるべきだと感じている。

私自身は、後者を研究者と呼びたいと思う。この「どういうことか」という視点は論文を書くときにどうしても必要である。これが書けないということは、発見したものの価値を分かっていないということに他ならない。発見した知見そのものはもちろん、これまでに蓄積された知の中に、新たな知見がどう位置づけられているかを提示して初めて、知の蓄積は成る。

研究者になろうなどと考える人間は、全員が多かれ少なかれ「研究＝人生そのもの」である。研究が趣味というか、気づけばやってしまっているというか。人生をかけた研究を形にした論文は、研究者が生きた証といえる。

ある研究者が存在しなければ、その論文に書かれている知見は、発見にもっと時間がかかっていたかもしれない。もしかしたら、発見されなかったかもしれない。一人の研究者がいたから、その知見がもたらされた。生きた証そのものであろう。

研究者は生涯に数多の論文を書くが、これぞ、と自負する渾身(こんしん)の論文はそう多くない。自身の興味にドンピシャで、かつ学術的にインパクトのある論文は量産できるものではない。その珠玉の1本を書くために、そこへとつながる論文を書き続けているというのが正しいのではなかろうか。

自身の生きた証と思える論文というのは思い入れの強い一握りの論文だろう。

私の最初の生きた証が初めて出たのは、２０２１年1月のことだった。

論文の基本構造とは?

論文を書くぞと決めたら、始めに日本語で構成を考える。最終的に英文で投稿するので、書けるのなら最初から英語で原稿を書いてしまってもよいのだが、英語の非ネイティブで、普段から英語慣れもしていない学生にはなかなか厳しい。そのため、まずは日本語で論文の構成を書き出し、構成が整ったら英語に直すという手順を踏むこととなる。
論文の基本構成は、Introduction（緒言）、Materials & Methods（材料と方法）、Results（結果）、Discussion（考察）である。これらに加えてAbstract（要約）や引用文献リスト、謝辞などが追加されて論文となる。

論文の要素の中でも、やはり重要なのは「考察」である。ここで論文の著者は「この知見が得られたのは、どういうことか」を論じることになるからだ。得られた結果から導かれる解釈、先行研究にある定説の支持もしくは否定、または予想していなかった結果が出た場合、その結果が示す可能性を考察の中で議論する。

こういう予想とは違う結果も、読者（研究者）にインスピレーションを与えたりするものだ。「考察」において、著者は得られた結果を多角的に吟味するのである。

実験で想定していない結果が出た場合、当初書こうと思っていた筋書きでは論文が書けないことになるのが普通だ。こういう場合は論文の主張自体を一旦練り直す。再実験が必要な場合もあるだろう。このときに大切なのは、予想外の結果になってもそれが事実であることを受け入れて、新たな解釈を考えるということだ。なぜなら、研究の目的はある予想された結果を出すことではなく、この世界を理解することだからだ。予想通りに結果が得られなかったからといって事実に目をつむるのは、世界についての間違った理解を導いてしまう。

私が初めて出版した論文は、実は翅の食い合いについての論文ではない。クチキゴキブリのトンネルに居候している、平べったいカメムシの報告である。ケブカクロヒラタカメという種で、それまでは偶発的にしか採集されてこなかったのだが、ゴキブリのトンネルではなんと、オスメス幼虫揃って複数匹採集することができたのだ。以降も2年に渡って続けて採集できたので、「これは再現性がある。このカメムシのハビタット（生息環境）として報告しよう」と考えた。

ケブカクロヒラタカメを初めて採集したのは、学部4年のときだ。当時、採集地である琉大与那フィールドに偶然居合わせた東京農業大学の嶋本習介さんに見せたところ、「これは報文を書いたほうがいいです！」と激推しされた。報文とは小規模の発見を単に報告する形式の短い論文である。彼は当時、まだ学部2年生だったが、すでにカメムシの分類で有名な同大の石川忠先生の研究室に行くと決めていたほど、カメムシに詳しかった。

最初は「そうなのかなぁ」と半信半疑だったものの、次の年も同じようにゴキブリのトンネルから複数個体が採集できたので「これは書いてみるのもありかも」と思い至ったのである。

伊丹市昆虫館のヒラタカメムシが専門の有名学芸員、長島聖大さんにも連絡した。私はヒラタカメムシのことなど全くの門外漢であったため、長島さんに共著になってほしいとお願いしたところ、

「今、嶋本くんに文献をすべて貸しているから、彼に文献を探してほしいと伝えておきます。僕ではなく、彼を共著にしてあげてください」

という返事をいただいた。学部3年生になっていた嶋本さんは、なんとヒラタカメムシの研究を始めていた。そのような経緯で嶋本さんと、論文の構成や英文でお世話になる指導教員の粕谷さんに共著者になってもらうことになった。

第6章でも触れたが、学振DC1に採用されるには、申請する時点で論文が1本あると非常に有利になると言われている。論文を書く能力があるということは、研究遂行能力があることの証明になる。だから、論文の数が0本と1本では天と地ほどの差があるのだ。以前から、研究室の先輩に「論文はあるといいよ」と聞いていたので、修士1年のとき、絶対に翌春のDC1申請書作成までに間に合わせたいと執筆を決心した。

粕谷さんに相談したところ

「短い論文から論文投稿を始めるのは、大崎さんの論文執筆のハードルを下げるためにも、いいことだと思います」

ケブカクロヒラタカメムシ

学名：*Daulocoris formosanus*

朽木に直接口吻を立てるケブカクロヒラタカメムシのオス。体長10mm前後。彼らは菌糸を直接吸っているらしい。ゴキブリのトンネルにいるのは新鮮な菌糸にアプローチしやすいためと思われる。ヒラタカメムシ科はどの種も平べったく、本種はゴツい方である。

と言ってもらった。英文で長い論文を初めから書こうとすると、言語の課題に構成の課題も加わり、労力と時間がかかるぶん「論文は大変」と苦手意識を持ってしまう。しかし短い論文ならリスクが低いだろう、とのことだった。

春から書き始めて原稿もバージョン22を数えたのは、2017年、修士1年11月の末であった。ようやく日本昆虫学会の英文誌『Entomological Science』に投稿することができた。

カメムシ論文は1回の大きな修正と2回くらいの細かな修正を経て、翌年の3月14日に無事アクセプト（受理）のメールが届いた。人生初の論文受理である。

この日は生態学会の会期初日だった。この年の生態学会は北海道開催で、札幌で雪が積もる中、研究室のみんなで学会に参加していた。当時博士3年で、この春から短大教員への就職が決まっていた研究室の先輩の田川一希さんに「アクセプトされました！」と伝えたところ

「ぅおおー、すごいねぇ大崎さん。お祝いにカニ行っちゃう？」

と言われ、そのとき、人生で初めてカニの刺し身を食べた。北海道のカニ。あの味は忘れられない。

まだ就職が決まっただけでお給料はもらっていないにも関わらず、田川さんはその日の

夕飯をごちそうしてくれた。もう一人友人もいたのに全員分を、である。外気だけでなく、懐まで寒くなってしまうのではと心配になったが、ありがたくご馳走になった。

雑誌のランクを見極める

論文を書く内容を決めてから最初に行うのは、投稿先の雑誌選びである。

論文投稿における雑誌とは、論文を中心に掲載する冊子のことで、それぞれの学会が発行しているのが一般的である。博物館や同好会、企業などが発行している雑誌も存在する。学会が出しているものは、学会誌と呼ばれることもある。

例えば、日本生態学会が発行している雑誌は3つあって、和文誌の『日本生態学会誌』『保全生態学研究』、そして英文誌の『Ecological Research（略してエコリサ）』である。生態学会の場合は、学会誌というと『日本生態学会誌』か『エコリサ』を指す場合が多い。

和文誌は日本語で書かれた雑誌、英文誌は英語で書かれた雑誌を指すが、和文誌の中にはタイトルとアブストラクトだけ英語版も付けろ、という条件のものもある。和文誌は、海外の研究者に読んでもらいにくいので、日本の生物だけを研究対象にしている論文や、データが少ない報文を投稿するときに選ぶことが多い。海外にも広く発信したい論文なら、英文誌に投稿したほうがいい。

論文がどの分野に属する研究か、どのくらい学術的にインパクトのあることを論じられるかを見極めて、狙う雑誌のランクを決める。『Nature』や『Science』といった雑誌名は、聞いたことがある方も多いだろう。DNAの構造が二重螺旋（らせん）であることを報告した論文が載ったのは『Nature』である。この2誌は、どんな分野の研究者も目を通すので影響力が高く、そのため普遍性のある結論を導いた論文が載る。

学術雑誌は、ざっくりいうと、どのくらい広い範囲の研究者に読まれているかによって大まかにランク分けされており、生物分野の研究者にとって『Nature』や『Science』は学術雑誌の頂点に君臨している。分野を絞っていくと、敵（雑誌）のランクもだんだん下がってくる。生物全体から動物、無脊椎動物、昆虫、ゴキブリというように材料の範囲を絞ったり、生態学全般から行動だけ、神経だけ、というように範囲を限定的にしたりするということだ。

多くの研究者に読まれているかどうか、つまり雑誌の影響力を表す指標の一つにインパクトファクター（IF）がある。これは、雑誌に掲載された論文の引用数を元に計算する。引用された数が多いほど、影響力も高いと考えることができる。しかしIFだけで、どの雑誌に投稿すべきか最終的な判断はできない。同じようなＩＦの雑誌はいくつもあるし、ＩＦが雑誌の評価のすべてではないからだ。

論文、と一口に言っても様々なタイプがある。通常、論文と言われて想像するような、イントロ（Introduction）、マテメソ（Materials & Methods）、リザルト（Results）、ディスカッション（Discussion）に分かれていて5～10ページくらいの分量があるものは「Original Article」とか「Research Article」などと呼ばれることが多い。呼び方は雑誌によって異なる。それ以外のタイプだと、

Review（総説）：あるテーマについて、これまでに出された論文を振り返り（＝Review）、その分野でこれまでに分かっている知見をまとめ、今後どういう研究が望まれるかなどを議論したもの。自分から投稿するだけでなく、雑誌側から依頼されて招待論文として書くこともある。

Opinions（意見）：その雑誌の属する分野に対し、こういうことをこの分野でやっていくことが必要だ、などといった意見を掲載する。雑誌によっては受け付けていないものも多い。こちらも招待されて書くことが多い。

Short Communications（短報）：学術的に面白い現象を発見したときに素早く報告するもの。規定されるページ数が非常に短い（2〜3ページ程度）。実験のデータが出ていないために「Original Article」にはならないという段階で、現象だけ報告する場合もある。

などがある。

この他にも、雑誌によっては実験手法の開発を報告する論文を受け付けているなど、様々である。そもそも自分が作成しようとしている原稿のタイプが受け付けられているか、雑誌の投稿規定を見て確認する必要があるのだ。

そして、運よく受け付けていることが分かったら、最後に確認するのは雑誌の「Aims & Scopes」（目的と領域）である。「Aims & Scopes」とは、「うちは、こういう論文を期待しているよ」という編集部からの要望である。学術雑誌も、時代とともに雰囲気が変わっていくもので、昔と現在ではかなり傾向が異なることがある。

「アハ」または「ワオ」の瞬間

私の場合、クチキゴキブリの翅の食い合いだけでいったん報告してしまいたかった。そのため、「Short Communications」のタイプの原稿を用意したいと考えていた。そして生態学、もしくは行動生態学の雑誌、できれば多くの人に読んでほしいので海外の学会誌に投稿したいと思っていた。

翅の食い合いはインパクトのある発見なはずであり、影響力の高い雑誌に載せられるかもしれないとも考えていたからだ。論文投稿は、強気なくらいで丁度いい。たぶん。

ということで、始めに投稿先として白羽の矢を立てたのはアメリカ生態学会の学会誌『Ecology』である。『Ecology』では「The Scientific Naturalist」という原稿タイプを受け付けており、形式は「Short Communications」と同等のものだった。

加えて『Ecology』は、広く生態学と名の付く分野をカバーしていて、影響力のある雑誌である。クチキゴキブリの翅の食い合いを報告するのに、うってつけだと考えた。「The Scientific Naturalist」の投稿規定（2019年当時）には、次のような論文を求めると書いてある。

Illustrate a rare, unusual, or fascinating organism, behavior, process, or other natural phenomenon that will inspire and engage us in natural history

希少な、珍しい、または魅力的な生物、行動、プロセス、またはその他の自然現象を説明し、自然史にインスピレーションを与え、興味を抱かせるもの

Describe something new or important in ecology, evolution, conservation, phenology, or human-environment interactions that challenges existing theories and points in new directions

生態学、進化、保全、フェノロジー、人間と環境の相互作用において、既存の理論に疑問を投げかけ、新たな方向性を示すような、新しい、または重要なことを説明しているもの

Represent a scientific “aha” or “wow” moment (“I didn’t know that!”) in your own research

自身の研究において、科学的な「アハ」または「ワオ」の瞬間（「知らなかった！」）を表現しているもの

Raise open questions or generate new hypotheses
未解決の問題を提起し、新たな仮説を生み出すもの

うむ、やってやろうじゃないか。

論文は雑誌に掲載される前に「ピア・レビュー（査読）」という名のチェックを受ける。査読では、原稿内容について論理的に突っ込みどころがないか、その主張をするに足るデータがあるか、図など他に追加すべきものがないか、などのチェックがなされる。

査読を行うのは、雑誌の編集者から頼まれた複数名の査読者である。論文の内容に近い研究をしている研究者に依頼される。また、編集者は学術雑誌を発行する学会の会員から選ばれた研究者が担い、投稿された論文の処遇の最終決定権を握っている。つまり、査読者も編集者も本業は研究者である。しかも、彼らは査読や編集といった作業で賃金は受け取っていない。まったくのボランティアだ（雑誌によっては査読者に雀の涙ほどのお金をくれるものもあるそうだ）。だから、同業者である彼らに余計な手間をかけないよう、目を血走らせながら投稿規定通りにフォーマットを整えるのである。

投稿された論文は、まず編集者の元へ届き、その時点で査読するに足る論文でないと判

断されれば即刻、却下される。そこで却下されなければ第一関門クリアで、編集者は査読者を探し、査読を依頼する。

特に大崎が研究している翅の食い合いのように先行研究がない場合、査読者を探す時点で編集者が苦労することが多い。近い研究をしている研究者が誰なのか、よくわからないからだ。そういう場合でも、査読者が見つかりませんでしたという事態にならぬよう、投稿時に、著者が査読者の候補を何名か挙げておくよう求める雑誌も多い。このとき、同時に競合するテーマを扱っている研究者など、どうしても査読してほしくない（論文が正式に受理される前なので読まれるとアイデアを盗まれる可能性がある）人物を指定することもできる。

無事に査読を引き受けてもらえたら、2週間〜1カ月程度の期限を設けて査読が行われる。この期限が、その雑誌のfirst decision（初回判定）を規定する大きな要因だ。しかし、前述したように査読者探しに時間がかかったり、査読を依頼しても返答がない、あるいは期限までに査読者から査読原稿が返ってこないなど、様々な問題の勃発により、投稿からfirst decisionを得るまでの期間は前後する。

めでたく査読者全員から査読原稿を受け取ると、編集者は彼らのコメントに目を通し、そのまま受理するか（accept）、修正を要求するか（修正すべき点が大きな問題ならmajor revision、小さな問題のみならminor revision）、却下するか（reject）を判断し、著者に返すという流れだ。

翅の食い合いの論文では、実験室で翅の食い合いを撮影したビデオを元に、翅の食い合いがどのようなものか、翅はどのくらい食われるのか、どちらが翅を食べるのか、翅の食い合いがどのような順序で進むのか、などクチキゴキブリの翅の食い合いについて報告するという方針は決めていた。

それに加えて、翅の食い合いは既知の行動で言うと何に近いのか、既知の行動と比べてどう特異なのか、翅の食い合いはどのような意義があると考えられるか、ということも論じることにした。

ちなみに、英語で論文を書く上で一番苦労するのは、Introduction（緒言）、Materials & Methods（材料と方法）、Results（結果）、Discussion（考察）のうち、どこだと思われるだろうか？

「やはり、Discussionの部分では？」

私もそう思っていたのだが、実は違う。私たち非ネイティブにとって一番難しいのは、Materials & Methods（材料と方法、略してマテメソ）なのである。このセクションは、研究に用いた生物や実験道具、計算ソフトなどについて記す箇所で、ここで正確でわかりやすい説明がなされていないと再現性の低い論文になってしまう。

再現性とは、その通りにやれば誰でも同じ結果が導けるということであり、論文の客観性に大きく関わる。普通に考えれば、やったことをそのまま書けばいいだけだし簡単では?という箇所である。ところがこれを英語で書こうとすると、自分が行ったとおりに実験の細かな手順も含めて正確に伝わる表現になっているのかという不安がつきまとう。

そこで英語表現のチェックと修正を業者に頼むことも多いのだが、業者から返ってきた原稿を読んだら、誤解して修正されたらしく内容が真逆になっていたこともある。そもそも日本語でも手順を過不足なく正確に書くのは非常に難しく、実際に大崎は、卒論のマテメソで心が折れかけた。卒論はもちろん日本語なのだが、私の場合は無意識の説明不足が甚だしく、「大体こんな感じ」みたいなマテメソを書いてしまっていた。「3センチメートル離れたところに平行に置いた」と書かなくてはいけないのに「置いた」としか書いていない、みたいなレベル感である。

当然、粕谷さんからは原稿が真っ赤っ赤になって帰ってきて、修正を求められる。なるほど、と理解して修正して再度、粕谷さんに見せるのだが、それでも全然直っていないと言われる始末である。しかし、自分では不足なく書いているつもりなので、何をこれ以上書けばいいのかわからない、という地獄に陥った。

「こんなに辛いなら、研究者になって一生論文書くなんて無理だ。もう論文書きたくない」

と卒論執筆時は本気で思っていたのだが、不思議なもので、それから半年ほど経って修士1年でヒラタカメムシ論文を書いたときは難なくクリアできたのである。その後に書いた翅の食い合い論文でも大丈夫だった。1回執筆を経験して慣れた部分もあったのではないだろうか。とにもかくにも、私は最初に抱いてしまった論文執筆に対する嫌悪感を払拭することができ、お陰で今でも論文を書くことができている。

初めてのリジェクト

翅の食い合いの研究を始めたのは、卒論時の2016年。1年間研究して、データを取った。その後、修士課程でもさらに試行錯誤と実験を続け、論文執筆を始めたのは博士課程に進学した2019年春のことである。

5月頃から日本語で構成を練り始め、粕谷さんとの間で原稿を何度も往復させてブラッシュアップした。夏は実験に集中するため執筆を一旦休止しなければならず、最終的に英文原稿が出来上がったとき、11月になっていた。

英語のプロによる英文校閲と修正を受け、さらに返ってきた原稿をまた自分で校閲し……という英語漬けの日々を経て、ようやく投稿にまで漕ぎつけた。

『Ecology』のサイトからSubmissionボタンをクリックし、原稿、写真、図、動画などをアップロード、そして競合する研究者はいるか、査読候補者のメールアドレスなどを入力し、原稿はちゃんと最終版をアップしたか、自分の名前を間違えていないか、写真は規定のサイズになっているかなどを最終チェック。

「いざ」

Submissionボタンをクリックしたのは2019年の年末のことだった。

勝率は高いと期待して投稿した『Ecology』誌の「The Scientific Naturalist」だったが、『Ecology』はそんなに簡単ではなかった。投稿から1カ月後、私に届いたのは「残念ながら受理できません」というテンプレートを貼り付けたとおぼしき、編集者からの文章だった。Reject（却下）である。

メールには、編集者本人と2名の査読者による原稿へのコメントが載っていて、何が不足していたか、どういう点で『Ecology』にふさわしくないと判断したかが書かれていた。コメントは参考になるものばかりで、別の雑誌に再投稿する際に役立ちそうな指摘が多かった。

だが、腑に落ちないものもあった。査読者からのコメントには、誤解が含まれていることも少なくない。一番納得がいかなかったのは査読者が投稿規定を理解していなかったコメントだ。「The Scientific Naturalist」の趣旨である「学術的に顕著な発見を報告し、その解釈や可能性を議論する」を理解しておらず、『Ecology』の投稿規定に合っていないと書かれた。

『Ecology』誌は、もともと生態学における仮説検証型の論文が多く載る雑誌である。仮説検証型とは、これまでに行われた研究から考えられる仮説を最初に立て、その仮説が正しいか正しくないかの検証ができるような実験を行い、その結果から考察するというものである。

仮説検証型の論文は、問いが明確であり、仮説が支持されるか棄却されるかという結果もはっきりしている。そのため解釈も行いやすく、論文として、はっきりとした主張を結論に持っていきやすい。

しかし、私が投稿した「The Scientific Naturalist」は、自然史を報告し、それについて新たな仮説を提示しろと規定に示されている。再掲するが、「The Scientific Naturalist」の趣旨は「学術的に顕著な発見を報告し、その解釈や可能性を議論する」というものだ。従来の『Ecology』誌に載る論文と同じ観点で評価されると、当然評価は低いものになる。

このコメントには、粕谷さんと一通り憤慨したが、当時は「The Scientific Naturalist」が『Ecology』に加わってからまだ日が浅く、査読者が投稿規定をよく確認していなかったのだろうと結論づけた。

その後、もう一つ別の雑誌に再投稿したが、翅の食い合いを解明することで明らかにできる普遍性の説明が足りなかったようで、ここもRejectされてしまった。この時点でもう既に2020年を迎えており、博士号取得の要件を満たすためにも2021年中には受理されてほしいため、そろそろどうにかならないと困る。

新しいことを発見するのは楽しいけれど、評価されるのは大変だなあと身に沁みて感じた。

翅の食い合いが世界に知れ渡るとき

次に、翅の食い合い論文を投稿したのは、『Ethology』という行動生態学では老舗の雑誌の一つである。『Ethology』にも、自然史の報告と仮説を提示する「Behavioural notes」というものがあり、投稿することにした。今度こそ、Rejectでなく引っかかってほしい。

4月に投稿し、結果はMajor revision（大きな修正を要する）だった。つまり、「修正すれば『Ethology』に載せてやらんこともない」ということである。万歳！

そのときには既に実験シーズンを迎えていたので、論文の修正に手が回らず、修正して再投稿したのは9月末だった。イントロの大幅な修正をメインに、翅の食い合いなど屁とも思っていない奴ら（編集者と査読者）に価値が伝わるように書き直し、もう一度投げつけた。

修正した原稿を同じ雑誌に再投稿する際には、査読者のコメント一つひとつに返事を書いた書類を作成するのだが、たとえ心の中で「お前、なんにもわかってないな」と思っていたとしても、もちろん書かない。コンピュータの前でどんな悪態をついていようとも、キーボードを打つ手から叩き出される言葉は、

「ご指摘ありがとうございます。あなたは〇〇と理解されたようですが、我々は△△ということを言いたかったのです。紛らわしい説明だと考えましたので、以下の通り文章を修正しました」

という礼儀正しい英文である。このような受け答えをコメントごとに書き、査読者の意見はすべて受け入れたという内容で書類を作成する。

論文を再提出した後、2020年11月に「小さな修正が必要だけどアクセプト（受理）だよ」と返事が来た。やった！　ついに、ゴキブリの翅の食い合いは世に出ることが決定したのである。正式なアクセプトは、小さな修正を経て翌2021年1月となった。まぁ、いい。ともあれ、大崎の生きた証、第1号が紆余（うよ）曲折ありながらもようやく出版され

たのである。めでたし！

この論文は翅の食い合いという重要な発見に関しての論文なので、オープンアクセスとした。オープンアクセスとは、雑誌の購読料を支払っていなくても、インターネットに接続できれば誰でも論文を読める状態に置くことである。つまりオープンアクセスであれば、広くメディアの人や生態学分野外の人にも読んでもらうことができる。

これの難点は、著者がかなりの金額を負担しないといけないということだ。たしか『Ethology』のときは当時のレートで35万円近くしたと思う。『Nature』や『Science』のオープンアクセスにかかる費用は、１００万円とも聞く。

単にＰＤＦを公開するだけなのにボッタクリでは……と思わずにいられないが、私の場合は学振ＤＣ１の研究費で支払って事なきを得た。これで私が露頭に迷っても、スマホがあれば自分の論文を読める。いや、自分は原稿があるのだからその必要はないか。

翅の食い合いの論文の反響はものすごく、想像以上だった。

新聞をはじめとするメディアに取り上げられ、さらに、ゴキブリの取材は国内に留まらなかった。なんと『New York Times』から取材のメールが飛び込んできたのである。サイエンス担当のライターからメールが届いたタイミングは、国内メディアより圧倒的に早かった。取材慣れしていない大崎は、そのメールを見た瞬間、粕谷さんに

「先生、『New York Times』からこんなのが来ました……。えっと、これって受けて大丈夫ですよね？」

粕谷さんもさすがに驚いたようで、

「おおお。それは、ゴキブリでは初なんじゃないか？」

欧米の大手の新聞では、サイエンスを含めて各分野について専門のライターがいる。サイエンス専門のライターはサイエンスの学術的なバックグラウンドを持ち、彼らは論文サイトをパトロールして面白い論文を見つけると、直接、打診してくるそうだ。

『New York Times』はメイン紙と曜日替わりの特集紙があり、サイエンスは火曜日の特集紙である。紙面の他、電子版にもゴキブリ記事は掲載された。現在も見ることができる。また、日本では『New York Times』のインターナショナル版が販売されているが、それには掲載されるか分からないという。私はどうしても紙に印刷されたゴキブリの記事がほしくて、一縷（いちる）の望みをかけて福岡空港まで買いに行ったが、コロナ禍で閑散としたターミナルに新聞は置かれていなかった。福岡市内の書店に問い合わせたところ、ゴキブリの記事はインターナショナル版に登場していないと教えてくれた。

心底がっかりしていたのだが、神はゴキブリと大崎を見捨てなかった。ニューヨークに住んでいる知人が「うちで購読してるから送ってあげるよ！」と気前よく送ってくれたのである！

自分で撮影したゴキブリの写真が掲載された紙面は、今も大切に保管している。

その他、スミソニアン博物館のニュースや週刊の科学雑誌『New Scientist』などのメディアにも掲載され、海外の研究者に自己紹介をするときにいい名刺代わりになった。論文を読んだスミソニアンの研究者から連絡をもらうなど、自身の研究が世界の研究者に影響を与え、彼らと渡り合っている気分になり、自由を感じた。

「研究者になるって、こういう世界が見えることなのか」

達成感とはまた異なり、山頂から遠くの地平線を眺めたときに初めて美しい山々や雲が見えて位置関係が分かったような感覚、とでも言おうか。ともかく私はこの感覚も非常に気に入った。このような感覚を初めて味わわせてくれた翅の食い合い論文は、大崎の中で特別なものである。

第9章

ゴキブリの不可思議

お互いに翅を食べ合うとはどういうことか

卵は大きく、精子はそれより小さい。このように二型がある配偶子を異形配偶子と呼ぶ。配偶子に二型がない場合は同形配偶子と呼ばれ、交接して互いの配偶子を交換するアオミドロなどの生物で見られる。彼らには、性という概念がない。しかし、異形配偶子で生殖する生物では性があり、卵という大きな配偶子を作る性をメス、そうでない方をオスと呼ぶ。

メスは、オスよりも配偶子の形成に必要な養分などの投資が大きく、この点において、メスのほうがオスよりも繁殖にエネルギーが必要である。しかも、クチキゴキブリは卵胎生だ。卵胎生では卵を産み落とさず、メスが体内で孵化まで保護する。したがって、その保護コストも考えると、余計にメスのほうに繁殖の負担があると考えられるのだ。

よって、実際に翅を食べている現場を見るまでは、メスはオスの翅を食べるだろうが、オスは自分でメスの翅を食べているのではなく、例えばメスの翅をちぎってメスに与えているのではないか、などという推測もしていた。

しかし、どうだろう。クチキゴキブリは、そのような繁殖投資のアンバランスを翅の食い合いに反映させることなく、お互いにお互いの翅を食べ合った。

これはどういうことなのだろうか。翅の食い合いで、翅は養分になっているわけではないのではないか。実際に翅の食い合い直後のフンを見てみると、フンの中にくしゃくしゃになった翅がほとんど消化されないまま含まれていて、ほぼ養分として吸収されていないことが分かる。養分になっていないのであれば、他にはどんなことが考えられるだろうか。

相手の翅を取ってしまえば、相手は一生飛ぶことができなくなる。相手の翅を奪って、自身のもとに留まらせようとする手段なのか。もしそうだった場合、メスがそういう戦略を取ることはすぐに理解できる。メスが産んだ子は、メスにとっては１００パーセント自身の子と分かるが、オスにとってはその確証がない。

鳥類ではオスもメスも子育てに参加する、生態学用語で言う「両親による子の保護」を行うが、メスはつがい相手以外のオスとも交尾していることがほとんどである。これを「つがい外婚」と呼ぶ。オシドリがおしどり夫婦ではない、というのも有名な話だ。よって、メスの産んだ卵は、実際に約1～10パーセントが他オスの子なのである（Griffith et al. 2002）。

そのため、メスはオスよりエサやりの頻度が高かったり量が多いなど、子への投資が高いが、それに比べてオスの投資は低い。でも、メスはオスに、子の世話を協力してもらいたい。なぜなら、自身の子が無事に成長する確率が高まるからである。だから、クチキゴキブリでも、メスがオスを強制的にその後の子育てに参加させるためにオスの翅をもいでしまうというのは、多少驚きはするが、すんなりと理解できる。

しかし、問題はオスだ。オスは、子育ての相手を確保するために翅を食うとは考えにくい。一般に、オスの精子は小さいため素早くたくさん生産できるので、多くのメスと交尾すればするほど、オスは自身の遺伝子を持つ子の数が増えると期待される。つまり他の交尾相手が十分に見つかる確率が高い条件下では、オスは目の前の1頭のメスと子育てをしてそのメスとの繁殖だけに時間をかけるのではなく、なるべく1頭のメスには時間をかけず、次々と何頭ものメスと交尾できるように立ち回ったほうが、自身の子の数が増える。

そのため、メスのように子育ての相手を確保したい状況であるとは想定しにくいということになる。このように、メスとオスの交尾をめぐる関係においては、オスは子育てせず、かつ、オスが次のメスを探しに行ったらわりとすぐに見つかる、という状況が多くの場合普通である。そのような関係を明らかにした例の一つが「ベイトマン勾配」である。

オスの精子は小さく形成にコストがかかりにくい一方、メスの卵は大きく形成に時間もエネルギーも必要で、数が限られる。よって、メスは交尾すればするほど産める子の数が増えるわけではない。それに普通、1回の交尾でメスのすべての卵を受精するに十分な量

ゴキブリのフン

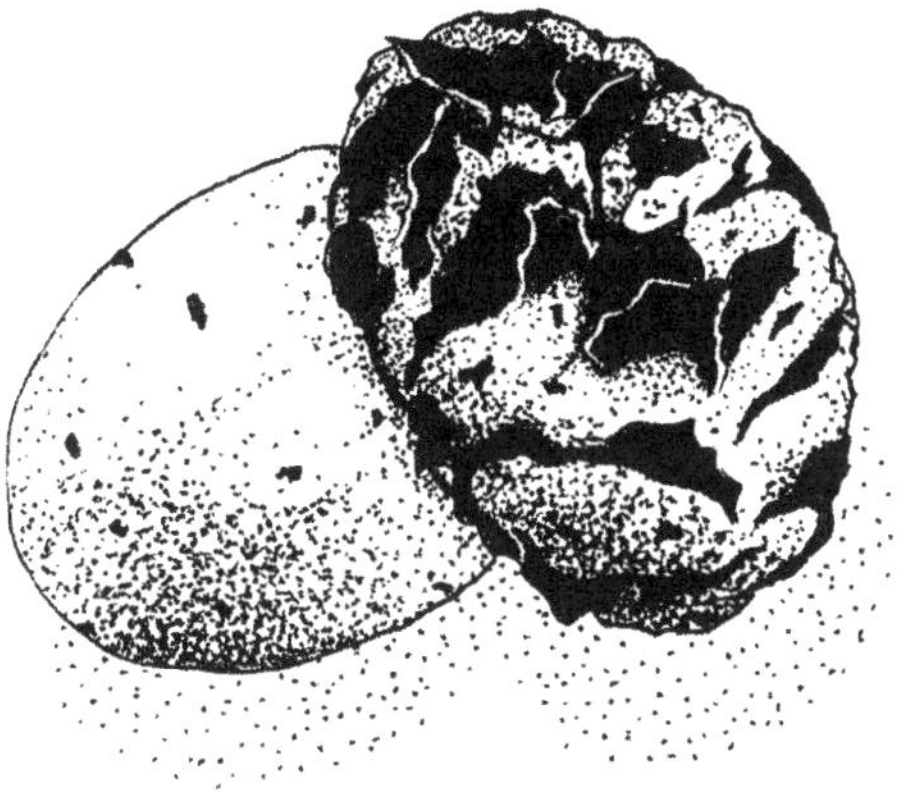

大きさは縦 3mm、横 2mm くらい。翅の食い合いのあとは右のような翅がたくさん入ったフンをする。著者は幼い頃に誤って新聞紙を食べたことがあり、そのあとのトイレでは新聞がそのまま含まれているのが観察されたという。ヒトが新聞紙を消化できないのと同じようにゴキブリも翅を消化できないのではと思っている。

の精子を受け取ることができる場合が多いので、一度交尾してしまえば精子の量で困ることはないのである。また、必要以上の交尾は、メスにおいては寿命が縮むなどの負担になる。したがって、メスにとっては1頭のオスと交尾する、または場合によってはオスからもらえる栄養物があったり抵抗するコストが大きい状況などがあるため、それを考慮しても1〜3頭程度の少ないオスと交尾するのが最適戦略であると示したのがベイトマンの論文（Bateman 1948）である。この論文中で登場する、メスとオスの交尾回数とそれによって得られる自身の遺伝子を受け継ぐ子の数を表したグラフを「ベイトマン勾配」という。

つまり、オスでは交尾相手の数が、メスでは自身の生産できる卵の数が、それぞれ子孫を多く残す上で律速段階（限界を決める要素）になっているのである。このような性による戦略の違いは、それぞれの性が子をより多く残すためにとる戦略の違いとなり、交尾のときなどに、しばしば対立する。これを「性的対立」と呼ぶ。

したがって一般的な前提では、オスは目の前のメスの子を時間をかけて育てたいとは考えにくいのだ。翅をもいで相手を確保するという仮説が成り立つためには、翅の食い合いという同じ行動でも、オスには異なる意義がないと説明がつかないのである。

だがしかし、この「一般的な前提」がクチキゴキブリに当てはまるのかをまず検討する必要がある。

これまで説明したオスとメスの一般論は、オスもメスも交尾後に次の交尾相手を受け入れ可能という前提である。交尾中は当然、他の個体と交尾できないので交尾不可能な個体の集団に一旦入るが、交尾後はすぐに交尾可能な個体の集団に戻るイメージである。交尾可能な個体の集団の中では、どの個体もすべての異性個体と遭遇可能であり、決まった配偶関係のない状態が想定されている（粕谷＆工藤 ２０１６）。

ここで思い出してほしい。クチキゴキブリは、一夫一妻のつがいを形成する生物なのだ。しかも交尾後は、配偶相手とともに子育てをする段階に移行するので、他の個体と交尾できる「交尾可能な個体の集団」に戻るとも考えにくい。

クチキゴキブリの進化と選択

循環論法になるのを避けるために、ここでクチキゴキブリの両親による子育ての進化過程に沿って考えてみよう。ちなみに循環論法とは、例えば、ニワトリはどうやって生まれたのか、という話題に対して「卵があったからニワトリは生まれたのである。では卵はというと、それはニワトリが生んだからそこにあるのである」といった、堂々めぐりになって、結論が原因になるような話の流れをいう。意味がない。しかし研究者でも、知らず知らずのうちに複雑な循環論法（トートロジーとも呼ばれる）に飲み込まれてまったく気づかないことがある。怖いものだ。

両親による子の保護の多くは、メス親が単独で保護する形態から進化したと考えられている。クチキゴキブリの属するオオゴキブリ科でも系統学的に祖先的と考えられている種のいくつかがメス親単独保護を行うことから、クチキゴキブリもこの過程をたどった可能性が高い。メス親単独で保護していた時代は、交尾後、オスはすぐに交尾可能個体の集団に戻るが、メスは子育てするので交尾可能個体集団には戻らない、ということになる。これは子の保護が進化するときのモデルとして一般的によく考えられているモデルである。

現在のクチキゴキブリを見ていると、親の給餌が必要な期間は交尾から半年後くらいまで続くので、一旦子育てが始まると、メスは少なくともその年の繁殖シーズン中は交尾可能な個体集団に戻ってこないだろう。

この想定のもとで、交尾してはオスが戻り、メスが戻らないという現象が繰り返されるとどうなるだろうか。現在のクチキゴキブリを見ている限り、彼らの性比、つまり個体群全体のオスとメスの個体数の比はだいたい1：1なので、いつかオスは新たに交尾する相手がいなくなってしまう。

クチキゴキブリのオスが子育てに参加しない場合

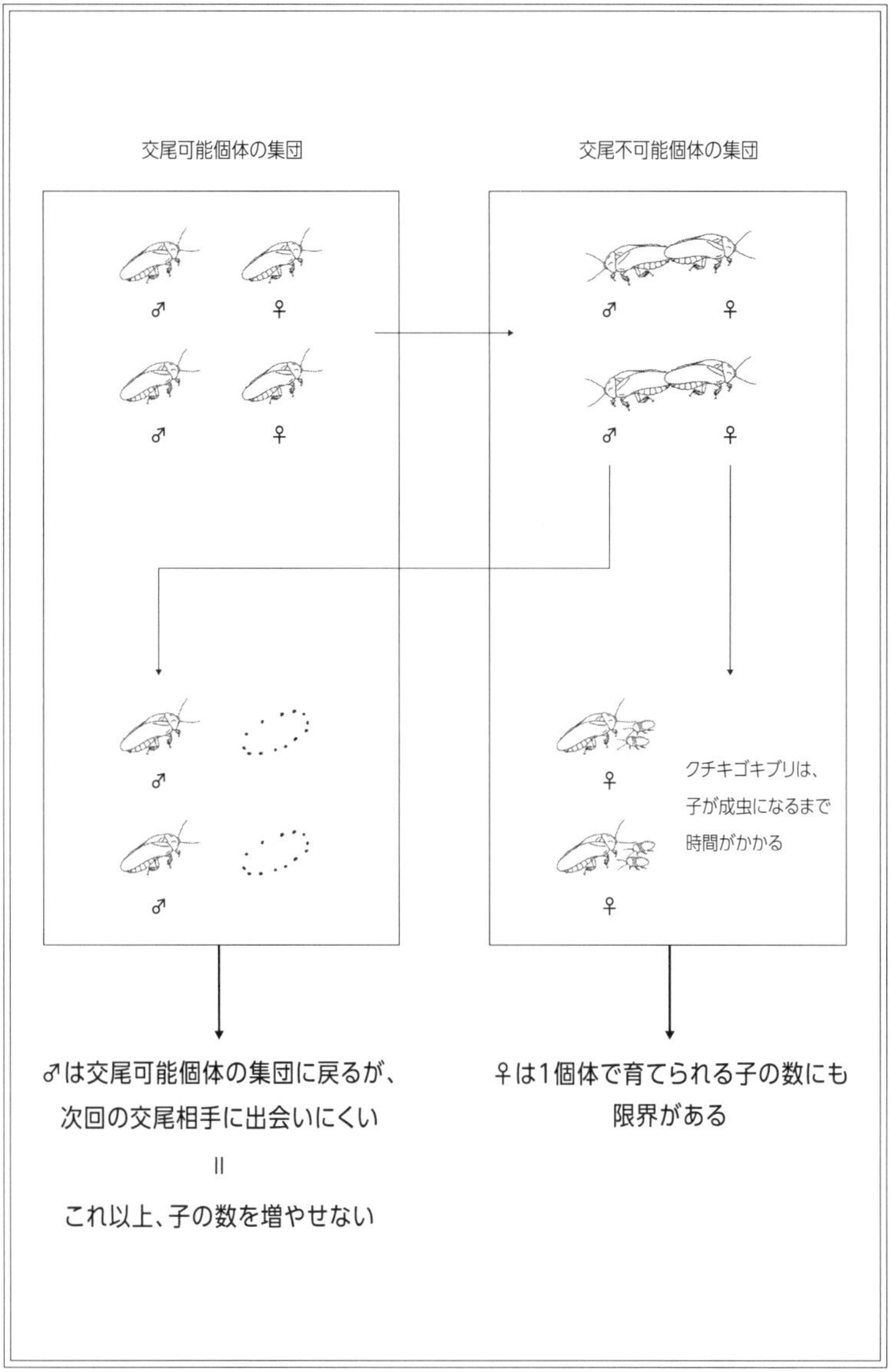

交尾可能個体の集団
交尾不可能個体の集団
♂
♀
♂
♀
♂
♀
♂
♀
♂
♂
♀
クチキゴキブリは、
子が成虫になるまで
時間がかかる
♀
♂は交尾可能個体の集団に戻るが、
次回の交尾相手に出会いにくい
॥
これ以上、子の数を増やせない
♀は1個体で育てられる子の数にも
限界がある

クチキゴキブリのオスが子育てに参加する場合

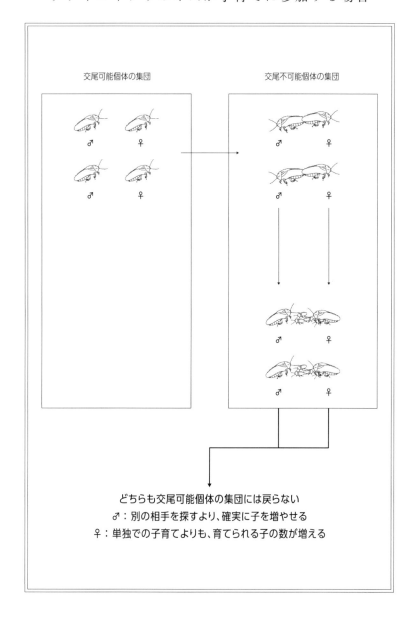

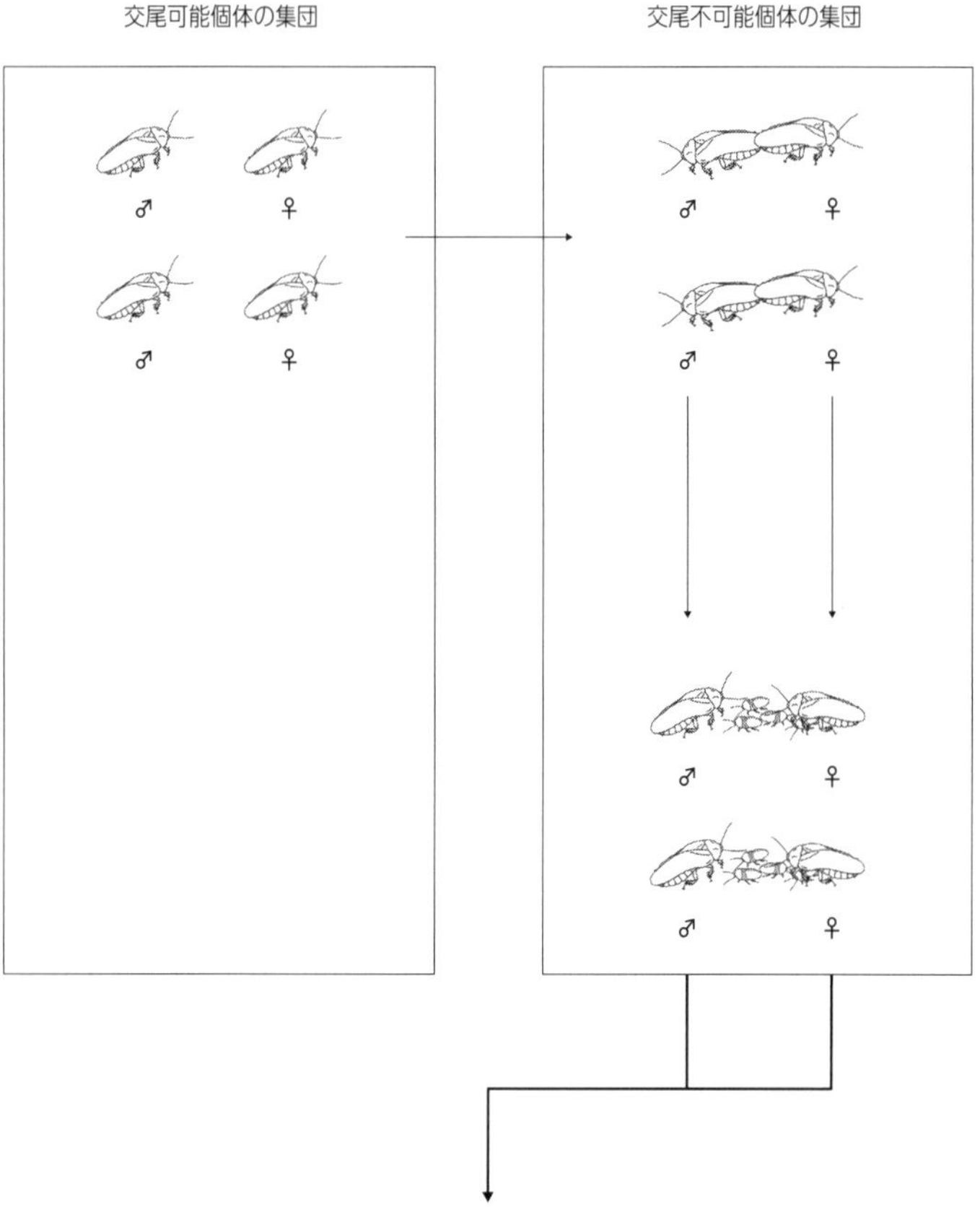

どちらも交尾可能個体の集団には戻らない

♂：別の相手を探すより、確実に子を増やせる

♀：単独での子育てよりも、育てられる子の数が増える

このようにやり逃げオスが途方にくれる中、子育てに参加するニュータイプのオス（参加オス）が突然変異で現れたとする。性比1：1なら、やり逃げオスであっても確率的に期待される交尾相手の数は1頭（実際の生物ではメスに受け入れられるオスとそうでないオスがいるので、すべてのオスが交尾できるとは限らない。世知辛い）なので、オスが次回の交尾を放棄して目前のメスとの繁殖に投資し、子育てに参加しても特に交尾相手の数の期待値に変化はない。このままだと参加オスがやり逃げオスより有利だと言うには不足である。

しかし、現在のクチキゴキブリは両親で子育てするように進化していることを考えると、何らかの理由で参加オスのほうが子を多く残せたということになる。そこで次に考慮すべきは、クチキゴキブリのハビタット（生息環境）である。

クチキゴキブリは、朽木というセルロースだらけの非常に消化の悪いお菓子の家に棲んでいる。さらに、このお菓子の家は非常にじめじめしていて、放っておけばカビがルンルンしてしまう。つまり、子を育てる環境としては控えめに言っても最悪に近い。唯一、利点があるとすれば、侵入者に対する防御力が比較的高いということだろうか。

このようなハビタットであることが、クチキゴキブリで子の保護が進化した理由の一つだろう。クチキゴキブリの若齢幼虫のように、体サイズも小さくて外骨格も薄い貧弱な虫が生き延びていくには、親による保護が不可欠だろうということは納得できる。

実際に同じ日本産クチキゴキブリの近縁種、エサキクチキゴキブリでは、4齢くらいでようやく朽木のセルロースを分解するためのセルラーゼの遺伝子発現が始まり（Shimada & Maekawa 2011）、幼虫はそれ以降でないと自身で朽木を食べられない。そのため、1～3齢の若齢幼虫期には、親が口移しで液体状のエサを子どもに与える。親は、このような給餌に加えて、コロニーの衛生管理も行う必要がある。シロアリはお互いにグルーミングすることで、体表面の病原性微生物に対処しているが、このように他個体に対して行うグルーミングをアログルーミングと呼び、アログルーミングはクチキゴキブリでも観察できる。また、クチキゴキブリは朽木を食べず、ただ齧って木くずを製造していることがあり、これによって菌糸が適度に切断され、トンネル内に朽木の菌糸が蔓延（まんえん）しすぎないようになっていると考えられる。このような親の管理なしに、子は若齢期を乗り越えることはできない。

メス親がこれらすべてをワンオペでこなしていたところに、オス親が参加したらどうなるだろうか。より多くの子を育て上げられるようになる、と予想できる。子育て参加オスのほうがより多くの子を残せることになれば、やり逃げオスしかいなかった集団中に参加オスの遺伝子が瞬く間に広がる。参加オス登場後、両親による子の保護の進化が速やかに進んだことは、想像に難くない。

クチキゴキブリの若齢幼虫

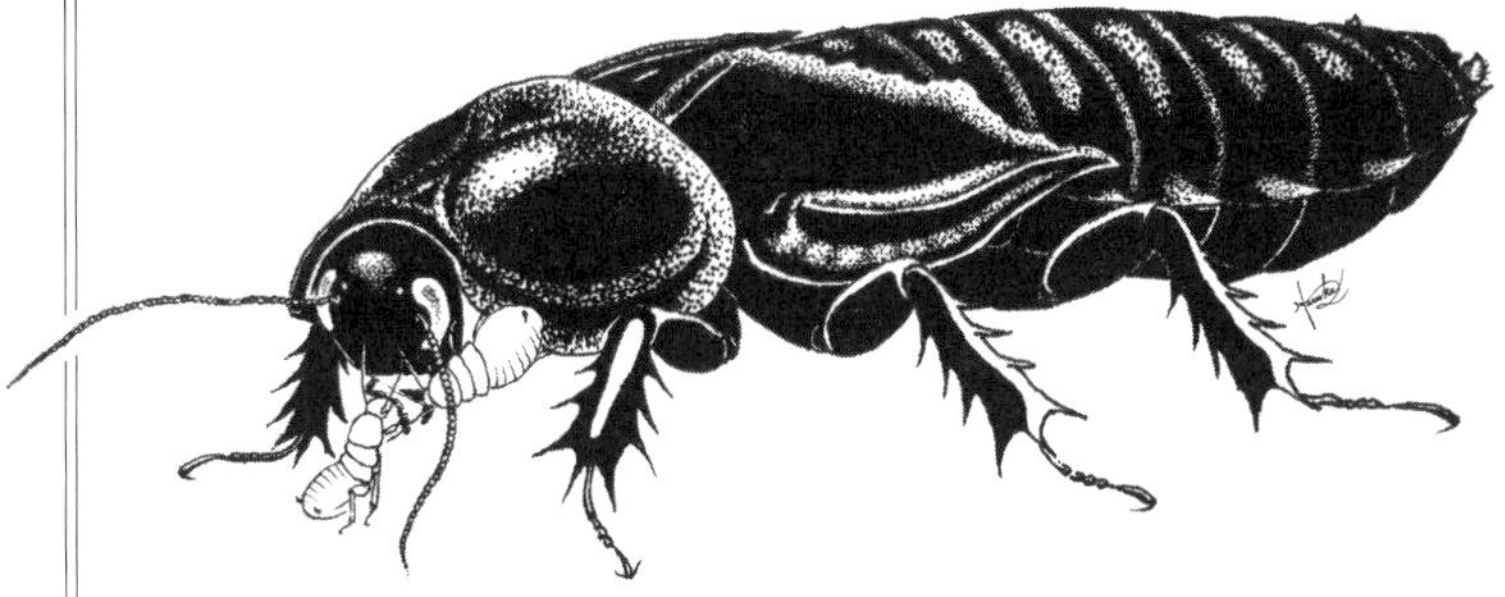

給餌を受ける1齢幼虫。成虫は漆黒に近い色をしていて分厚い外骨格を持っている一方、幼虫は未熟な状態で生まれてくる。体長は5〜7mm、色は乳白色で、あまり動かず、複眼はうっすらとしか観察できない。乾燥にも非常に弱い。脱皮を繰り返すことで1齢ずつ齢が上がり、クチキゴキブリでは7齢で終齢を迎え、羽化して成虫になる。齢が上がるごとに段々と肥厚した外骨格を手に入れる。

加えて、クチキゴキブリは野外で少なくとも3年ほどは生きると考えられており、虫にしては長命である。メスは生涯に複数回、子を産む。オスはその度にメスと交尾することができる。これはどういうことかというと、オスは子の保護に参加してメスに随伴することによって、そのメスとの将来の交尾を死ぬまで保証されるということだ。

オスは後から何回も同じメスと交尾できるチャンスを得ることで、たとえ新成虫として出てきた最初の繁殖期にメスが別のオスと交尾していたとしても、将来、自身の精子を使ってメスが自分の子を生む確率を高めることができる。

昆虫のメスには、一般的に貯精嚢（ちょせいのう）と呼ばれる精子を貯蔵する器官がある。例外もあるが普通、この貯精嚢には先に交尾したオスの精子が奥に、後から交尾したオスの精子が手前に順番に溜められている。精子は基本的に手前から順に受精に使われていくので、後から交尾したオスのほうがメスに自身の子を産んでもらえる確率が高い。

よって、後からの交尾を保証されるということは、自身の子をメスに産んでもらえる確率が高いということなのだ。クチキゴキブリがいつから長命に進化したのか不明だが、寿命の延長とともに子育て参加オスの適応度が急激に上昇した可能性がある。

対立か、協力か

ということで、翅の食い合いをオスが行う理由、メスが行う理由を再び考えてみる。ここまで説明したような進化がクチキゴキブリで起こり、その中で翅の食い合いが進化・維持されてきた理由はなんだろう。

異形配偶子に端を発する雌雄の繁殖戦略の違い、つまり性的対立が存在するという前提条件に、クチキゴキブリは置かれていないという可能性は考えられないだろうか。クチキゴキブリでは、オスもメスも子の数を最大にするための戦略が子を保護するという同じものになっており、この点においてクチキゴキブリには性的対立が解消されているか、そうでなくても非常に小さくなっている可能性がある。

実際に性的対立がないと証明するには、メスの生んだ子がすべて、つがい相手のオスの子であることをＤＮＡを読んで確かめなくてはならない。でも先ほど述べたように、将来何回でもペア相手のメスと交尾できるのなら、たとえ性的対立があって最初はメスが他のオスの精子を持っていても、後から交尾できるから自身の精子が使われる確率は高いので、将来的に、オスの真の子の割合は高くなっていくのではないだろうか。そうしたら結果的にオスの協力が進化する十分な要因になる可能性がある。

オスにとってもメスにとっても、目の前の配偶相手は自身の子を多く残すための協力相手として不可欠な相手ということだ。オスにとってメスは、将来も自身の子を産んでくれる存在、メスにとってオスは、自身の子を保護し、将来の繁殖に必要な精子を作ってくれる存在として、それぞれに価値のある相手である。

すると翅の食い合いも、オスとメスの協力行動であると捉えることができないだろうか。このような条件においては、自身だけが抜け駆け的に利益を得て相手を出し抜き、相手が大きなコストを負うような戦略を取るとは考えにくい。自身と相手の利益の合算がゼロより大きくなるような、分かりやすく言えばW・in‐W・inな行動が進化するはずだからである。

では、翅の食い合いの意義として、食う側にとっても、食われる側にとっても利益のあるような仮説とはなんだろうか……？　実はすでに考えている仮説もあるのだが、ここは現在進行形で解明中なので、研究内容の守秘のために本書では控えさせていただきたい。しかし、「翅の食い合いが実は協力行動」という解釈は事実だろうと私は踏んでいる。

配偶行動はダーウィンをはじめ、名だたる研究者たちがこぞって研究してきた。もう研究し尽くされ、新発見なんてなさそうに思える。ところがどっこい、過去の偉人達は本当にいろいろな配偶行動を見つけてきたけれども、オスとメスの両性がお互いに食べ合う配

クチキゴキブリの繁殖戦略（まとめ）

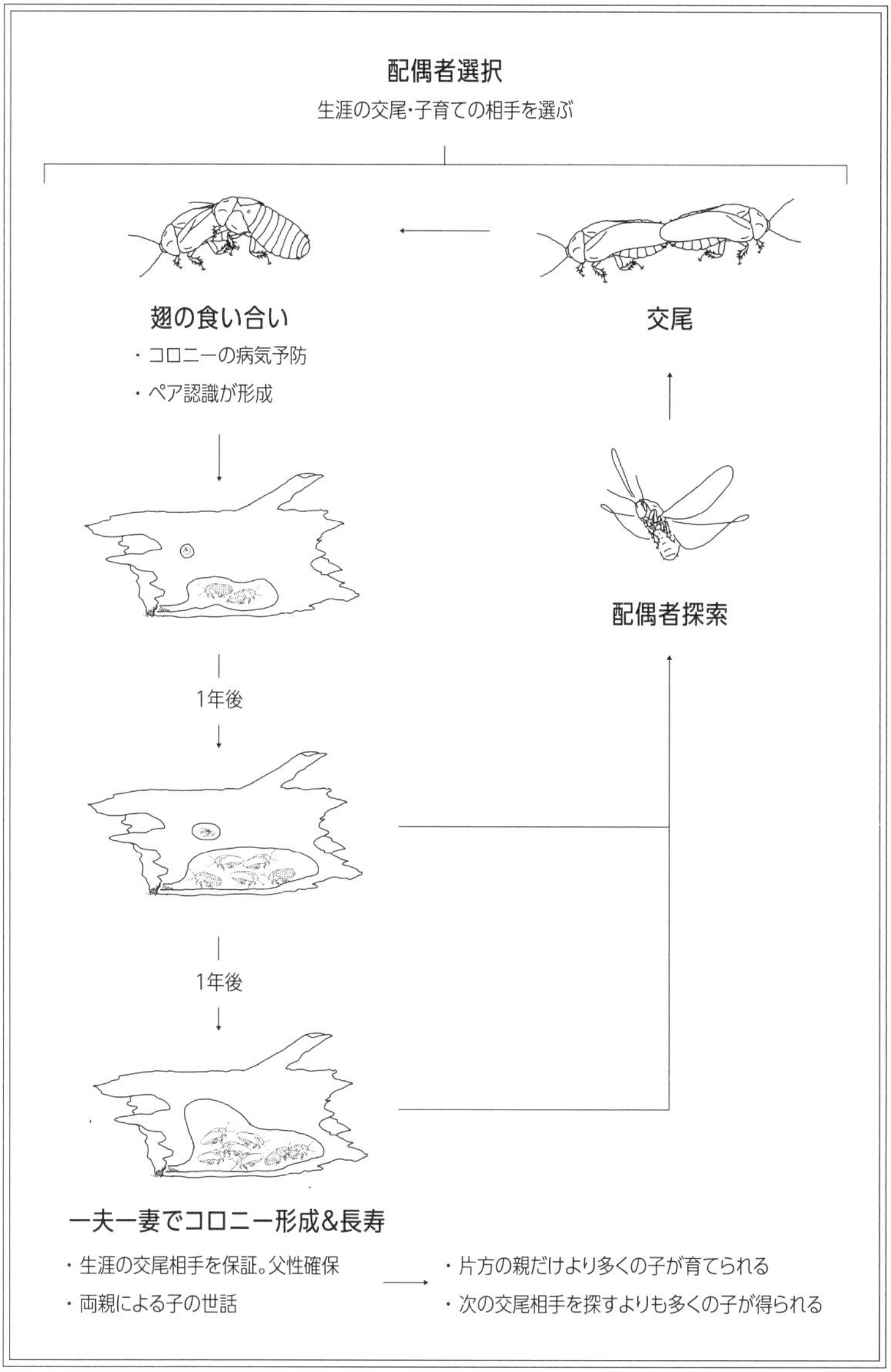
配偶者選択
生涯の交尾・子育ての相手を選ぶ
翅の食い合い
・コロニーの病気予防
・ペア認識が形成
交尾
配偶者探索
1年後
1年後
一夫一妻でコロニー形成&長寿
・生涯の交尾相手を保証。父性確保
・両親による子の世話
・片方の親だけより多くの子が育てられる
・次の交尾相手を探すよりも多くの子が得られる

偶行動は見つけられなかった。

しかし、翅の食い合いは、ここに、現に、存在するのである。そして、過去に見つからなかったからこそ「どうしてお互いに食べるのか？ お互いに食べるとどんないいことがあるのか？」という問いに、著名な研究者たちが解明した答えはない。私が見つけるしかないのだ。このことを考えるたびに、私は自分が人類の知り得ている世界とまだ知らぬ世界の際に立っていることを実感してゾクゾクする。

翅の食い合いをする理由が解き明かされた暁には、クチキゴキブリの配偶行動がこれまで解明されてきた配偶行動の中に新たな一員として追加されるだろう。第2章に出てきた大河の例えでいうと、配偶行動という巨大な川に突如もう一本支流ができるような衝撃である。クチキゴキブリは将来、生物の教科書に載っているかもしれない。わはは、ゴキブリが必修になる時代の到来だ。

なんでゆっくり食べるのか？

ところで、翅の食い合いを観察していると、食べるのが非常に遅いことに気付く。それ

翅の食い合いの流れ（実際の論文に使用した図）

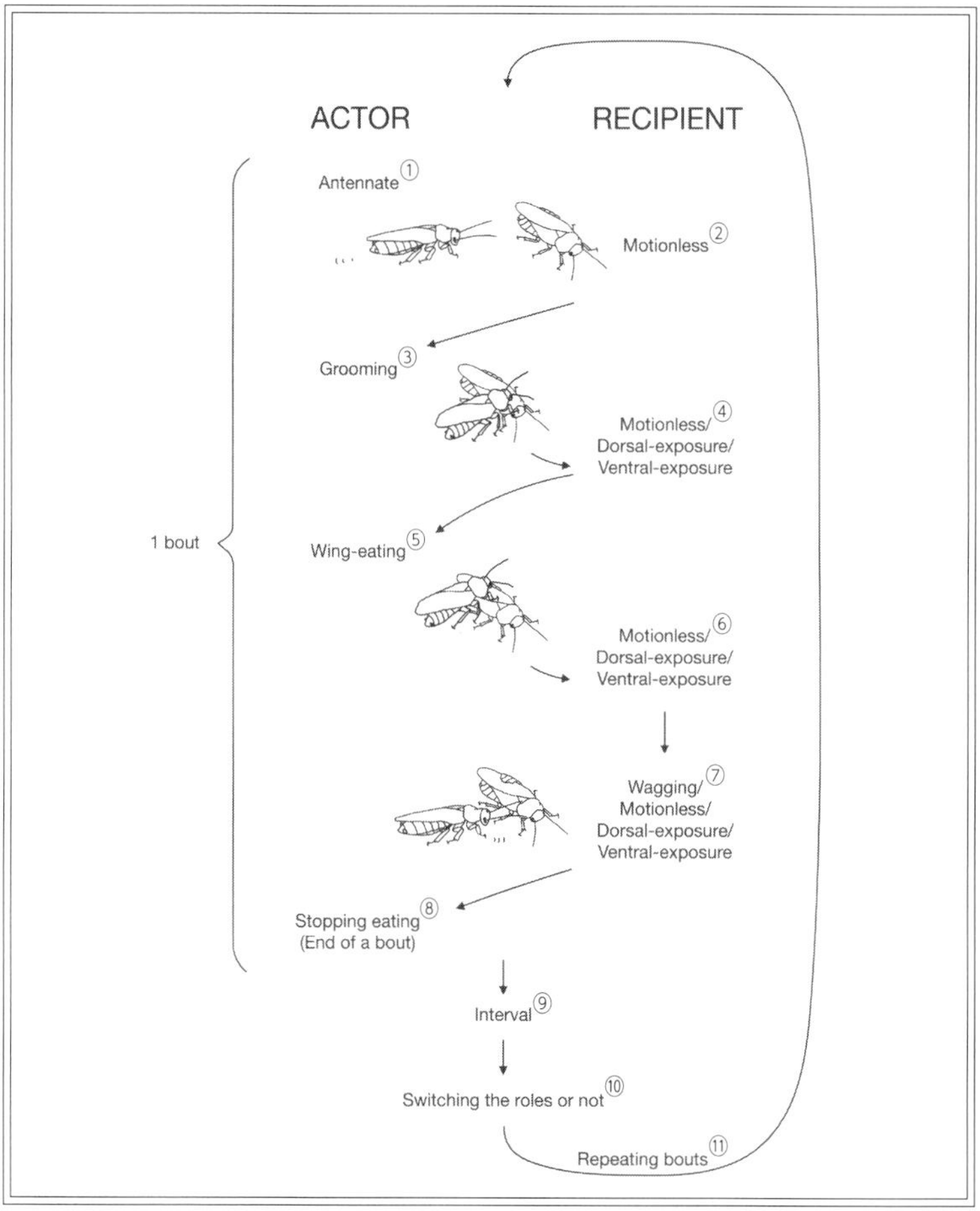

① 触角で触れながら相手に接近
② 静止
③ グルーミング
④ 静止／体を傾ける（相手に背を見せる／腹を見せる）
⑤ 翅を食う
⑥ 静止／体を傾ける（相手に背を見せる／腹を見せる）
⑦ 体を揺らす／静止／体を傾ける（相手に背を見せる／腹を見せる）
⑧ 翅を食うのを止める（バウトの終了）
※バウト＝ここではグルーミングから翅を食うまでの一連の動作
⑨ インターバル
⑩ 役割交代または交代なし
⑪ 繰り返す

だけで時間がかかるのだが、その上さらに、彼らは何の前触れもなく相手の翅を食べるのを休んでしまったりする。

まあ、何の前触れもない、というのは人間が視覚的に認知できる範囲では、ということなのだが、翅を食べているとき、食べている個体は一心不乱に翅を食べていて、相手の個体も特に暴れることなく静止しているのに、ふいっと中断してしまうのだ。中断して何か別のことをやるわけでもなく、ただ相手から少し離れたところで触角を交互に動かしながらぼーっとしていたりする。こういうときは食べられていた個体も一緒にぼーっとしている。

さながら、無の境地に達した達磨（だるま）のような様相だ。しかしなくなるのは翅であって、手足ではないのが見分けるポイントだ。

当時4年生の私は、どのペアもそんな様子だったのでそれを不思議にも思わず、クチキゴキブリは、やはりおっとりした島の生き物であるなあ、くらいにしか思っていなかった。慣れてしまうと、その異常性に気づかなくなる典型である。しかし、ある日の研究ミーティングで翅の食い合いの流れを説明した際、

「1ペアにつき72時間のビデオを24ペア分、つまり1728時間のビデオ起こしですが、翅を食べ始めてから両個体とも食べ終わるまでがすごく長くて、すごく大変です……」

と、指導教員の粕谷さんに打ち明けた。しかし、ビデオ起こしとはそういうものである。実験設計をそうした以上、腹をくくるほかない。

「労力を考えて、省けるところは省くことを考えないとね。ところで、ずっと翅を食べ続けているのにそんなに時間がかかるの？」

「いえ、実際に翅を食べている時間は相対的に短いです」

先生の顔が、は？という表情になる。

「じゃあ、翅を食べてない間、ゴキブリは何してるの？」

「あ、じっとしてます」

粕谷さん、爆笑。椅子ごと後ろに「どひーっ」と言いながらのけぞって、そこから返ってきて、机に手をつき、短い鉛筆を持ったまま私のほうへ乗り出してこう言った。

「それは、変なんじゃないか？」

これまでに知られている摂餌行動では、より早く食べてしまおうとするのが普通である。早く食べないと、食べている最中に捕食者に狙われるリスクがあるし、食べているものが動物であれば、獲物に逃げられる可能性があるからだ（Brown & Kotler 2004）。しかし、翅の食い合いに興じているクチキゴキブリはどうだろうか。翅を食べている最中にふいっとどこかへ行ってしまったり、急ぐどころか休み休み食べたりしている始末である。

進化は、必要に駆られなければ駆動されない。食べる速度や獲物を処理する速度が上がるという進化は、食べる個体に何らかの必要性ができ、速く食べられる個体のほうが有利だったので、その行動が残った(＝進化)ということだ。そうすると、クチキゴキブリには早く食べる必要がなかったと考えられる。相手は自身と等しい運動能力を持つにもかかわらず、である。

当時は謎だったのだが、この「ゆっくり食べる問題」もまた、翅の食い合いがオスとメスの協力行動という視点を持つと理解しやすい。

自身と同格の運動能力を持つ相手個体の体の一部を食べるのに急がない、ということは、急いで食べなくても相手個体が抵抗したり逃げたりすることがないから、と考えられる。翅の食い合いをしているときに既に協力関係にあるのなら、他の個体が乱入してくるなどの事故がない限り、今の相手がどこかへ行ってしまう可能性は限りなくゼロに近い。

演繹という手法

翅の食い合いのなんたるかが分かってくると、次に気になるのは、翅が食べられないとどうなってしまうのか？ということだ。

研究の手法として、注目している感覚器官や遺伝子、体の部位などを取り除いたり、機能をなくしたりして、寿命や卵数などの適応度に関わる形質を測定し、注目した対象の機能を演繹的に確かめるというのはよくある強力なやり方である。ちなみによくわからないという方のために説明しておくと、演繹というのは仮説が先にあってそれからその仮説を支持する証拠を集める、という順序で真実に迫る方法である。対義語は帰納で、数学的帰納法という名前を高校数学で聞いたことがある人は多いと思う。帰納はまず事実があって、その後にこの事実を説明できる仮説を考えるという方法で、演繹と流れは真逆である。

未知の現象に対する研究のアウトライン（クチキゴキブリの翅の食い合いを例に）

1　対象のありのままを観察する

未知の現象なので、まずは観察しないと始まらない。

2　観察をもとに仮説を立てる

翅の食い合いを観察したことで、「翅の食い合いは、オスとメスの協力行動なのではないか」「翅の食い合いをすることによってオスもメスも適応度が上がるのではないか」という仮説を持った。仮説は、たくさんのサンプルを用意し、同じ実験を何頭もの個体で行い、個々の観察結果から帰納的に組み立てる。時には数理モデルを組み立ててシミュレーションし、その仮説で実際の観察結果を理論的に説明できるか確認する。

3 仮説の検証

実際の生物を用い、帰納的に立てた仮説を演繹的に実証する。翅の食い合い研究では「翅の食い合い」という要素を取り除く、つまり、翅の食い合いをさせないための操作をする。この操作をした実験処理群と、操作をしていない処理群（対照実験、コントロールなどと呼ばれる）を比較し、寿命や卵数などの適応度指標に違いがあったか調べる。違いがあれば、実験で取り除いた要素が指標に影響していたという結論を導くことができる。

しかし、ここでまた私は壁にぶち当たることになる。翅を食べさせないようにどれだけ工夫しても、ゴキブリたちはそれを上回る執念でどうしても翅を齧ってくるのである。

「どんだけ食べたいんや……」。思わず心の声が漏れる。

翅の食い合いをさせないようにする、ということはつまり、翅のあるまま交尾や子育てをさせるということである。相手の翅を食べていない、かつ、自身の翅がそのままになっている個体を作り出して、その後生まれてくる子の数や、子育ての様子を比較しようという考えだ。

では、どうするか。彼らの口を加工して翅を齧れないようにしてしまうと、普段の朽木も食べられなくなってしまう。そのため翅に、齧れないようなコーティングを施すことにした。翅の食い合いをしなかったときに子に給餌を行うかどうかまで比較したかったので、ペアを形成してから子への給餌期間を終えるまでの最低でも４カ月間は、翅のコーティングを維持する必要があった。

それなのに、何度やってもコーティングは翅から剝がれてしまったり、ゴキブリがコーティングごと翅を齧ってしまったり、翅をコーティングごと齧り落としてしまったりと、たった２週間すら維持できたことがなかった。

食べちゃいたいほど好きなのだもの？

翅のコーティングが一筋縄では行かなそうだと考えた私は、修士課程のときにとりあえず翅を切ってみて、ペアリングがどのように進むのかを実験した。オスかメス、どちらか一方の個体の翅を、食い合い後と同じくらい短くなるよう人為的に切断し、翅を切られていない個体と配偶させた。

すると、どうだろう。卒論のときには2ペアでしか観察できなかった交尾が、いきなりほぼすべてのペアで観察されたのである。

「翅のない個体のほうがモテるのかもしれない……」

翅の食い合いには非常に時間がかかる。翅を食う手間のない相手であれば、より自身の投資を少なく、利益はそのまま得ることができる。翅の食い合いに、確かに矛盾しない。面白いではないか。

切断実験で一定の結果は得られたために、余計に翅が食われないとどうなるのかが重要なように思えてきた。やはり翅の食い合いの効果を見るためには「翅がそのまま付いている」という状態の個体を作成して翅の食い合いをしたペアと比較する必要がある。

どうしてもコーティング実験からは逃れられないと腹をくくった私は、満を持して博士課程でこの壁に立ち向かうことにした。「どうしても食わせたくない人間」対「どうしても食べたいゴキブリ」の不毛な戦いの火蓋が切って落とされた。

戦況は甚だ芳しくなかった。いくら翅を防御しても、数日後には決まって変わり果てた姿のコーティング翅と、その横で機嫌よく触角を振っているゴキブリを目撃することになるのだ。スッキリしている様子のゴキブリとは対照的に、更に深く刻まれる大崎の眉間のシワ。ご機嫌なゴキブリと、不機嫌な大崎。

様々な材料や形状を試し、「今度のコーティングこそ……」と念じつつ、数時間かけてコーティングペアを作っても、無残にもめけめけに齧り跡がついて落ちている、私の汗と涙の結晶。見つける度、何度心が折れそうになったか分からない。

新成虫が羽化してくる度に、コーティングを施しては齧られた。それでも何ペアか試してみないとこの方法の真価は分からないので、その度に新成虫と時間を浪費した。コーティングに使う材料も、ありとあらゆるものを試した。

透明な粘着フィルムで翅を上と下から挟み込む、というアイデアのもと、ゴキブリが齧り取れない素材を探し求めた。最初のコーティング方法ではダメだと判断してから試行錯誤を重ね、「ふふふ、今度のコーティング方法こそは……」と毎回悦に入るのだが、その期待は毎回裏切られ、また改良し……を繰り返し、気づいたときにはコーティングを試し始めてから2年が経過し、私は博士課程の2年生になっていた。

博士課程では3年使えるからと、この実験がある程度難航することを見越して始めたのだが、難航ぶりは想像以上だった。前年も今年も羽化した新成虫をすべてつぎ込んで、このざまである。

実験室で新成虫が羽化してくるピークは7月で、それをとうに過ぎた8月下旬になっても未だにいい方法を編み出すことができていなかった私は、とうとう嫌になって研究室を1週間ボイコットした。簡単に言うとふて寝である。

「もう翅を食べるゴキブリなんて嫌いだ!」

その後1週間は、ひたすらお布団と仲よくした。当時肌触りがいいからという理由で衝動買いした無印良品の掛け布団カバー。これを買った自分は天才なのではないか。ぬくぬくと悦に入る。メールもツイッターも一切見ずに、ひたすらアマゾンプライムで映画やらアニメやらを見漁った。ゴキブリのことも研究のことも忘れ呆けた。

腹が減るのも面倒だ。しかし減るものは減るので、いつも最寄りのスーパー(5キロメートル先)に行ったときに買いだめしているカツオ缶とサバ缶にその日の気分で味を付けておかずにする。最低限の労力しか割きたくない。ちなみに、イオンのカツオ缶は安くて開けやすくて美味しいからおすすめだ。

そうして6日間、ひたすらゴロゴロしたのち、7日目の昼にむくりと起き上がり、

「ま、いっか」

と言って研究室に向かった。

これまで実験に失敗し続けて辛かったのはなぜかというと、「1年目は無理でも、博士課程の2年目には結果が出せるだろう」と考えて自身にかけていた期待と、どうやらその期待に応えられそうにないという容赦ない現実によって、自分で自分を追い詰めていたからだ。

「例年であれば既に繁殖のシーズンオフで、今年中に十分なサンプル数を揃えるには間に合わない時期に差し掛かっている。なのに、今回もまたコーティングが取れてしまった……。来年は博士課程最後の年だから、今年中にデータを揃えないと間に合わない……。まだ今から頑張れば、ぎりぎり間に合うかもしれない、今日も夜までコーティングを頑張らねば……」

しかし、振り返ってみれば、これらはすべて思い込みにすぎなかった。

九大では学位取得には論文を1本以上、国際誌に出すことが要件の一つだが、翅の食い合い論文はすでに投稿していたので、このデータがないと論文が書けないというわけでも

なかった。今年中にデータを出せというのも、誰からも言われていない。自分で勝手にそういう目標を掲げていただけだ。

期限は物事を成し遂げるために必要なものだが、首を締めるようなものになってはいけない。

今からでもまだ間に合うかも、という感覚は、言い換えれば今年のデータ取得を諦められなかったとも言える。しかし、私がどんなに頑張っても、ゴキブリにはそんなこと関係ない。食べちゃうときは、食べちゃう。そんなことが続いて、とうとう気持ちがぷつんと切れてしまったのだ。

一日一日を「今日こそ成功すればギリギリ間に合うかも、明日までは待てない」という感覚で実験していたのだから、1週間も穴を開けたらもう今年中にデータを揃えるなんて無理である。これによって「もう間に合わない」と諦めるしか選択肢はなくなる。諦めがつかないうちは、これまでの失敗をどうにか挽回できないかと焦り、同時に挽回できないことを思い悩む。しかし、いったん諦めがつくと、これまでの失敗に対する執着がなくなっていた。

6日間、世話を誰にも頼まずにゴキブリを放置したので、死んでいる新成虫もいた。しかし、

「ま、今からできることは、ここからやってみることだけだし。でもこれって考えが変わっただけでこの事実は前からずっと同じか」

という心境で、これまでとは一味違う新しいコーティング方法を考え出した。このときの方法の鍵になったのが「ボンディック」というペン型のUVレジンである。

翅の食い合いの意義とは？

ボンディックは、研究室でだべっている時間に得たアイデアであった。ある日の研究室、私は「サロン」で同期の東くんとお茶をしていた。東くんが剥いてくれたリンゴを食べ、東くんがその皮を使って淹れてくれたフレッシュアップルティーを飲んでいた。

東くんは「生態研のシェフ」と呼ばれており、新歓バーベキューと聞けば下味を付けた肉を何種類も用意し、シーバス（スズキ）釣りに行ってきたかと思えば翌日はカルパッチョにアクアパッツァ、他にももう名前はよくわからないけれど美味しい料理を作ってくれる。

当然ながらカレーはスパイスから作り、うどんは粉から打ち、餃子も皮から作る。クリスマスにはブッシュドノエルとホールケーキを作り、バレンタインだね！と期待顔で話しかけると、しょうがないなあ、と言いながらザッハトルテを作ってくれたこともある。そんな人物である。

すべて美味い。本当に美味しい。あのグルメな粕谷さんでさえ、東シェフの作る料理はすべて美味い美味いと言いながら食べていたものだ。研究室では近くの川で採れたすっぽんをみんなで捌（さば）いたこともあったし、キャンパス内の緑地である生物多様性保全ゾーンでタラの芽やらオドリコソウやらセイタカアワダチソウやらの新芽を摘んできて野草天ぷらパーティーをしたこともある。研究室は最高だ。

そんなおいしいお茶を飲みながら、当時、まだ実際にコーティングを始めていなかった大崎は、

「やっぱコーティングしなきゃいけないと思うんだよねー。東さん、いい材料ないかなあ……」

とこぼした。東シェフはガジェット好きの一面も持ち合わせており、よくコンピュータやカメラの話を一緒にしていた。

「んー、こんなの気になってたんだけど……」

と言って、東シェフが見せてきたのは十八番（おはこ）のアマゾンの画面。

「ボンディック？」

ボンディックとは、UVライトを照射してわずか4秒で硬化する透明な樹脂をペン型にしたもので、主な用途としては、めけめけになってしまった電源ケーブルの修復などと書かれていた。樹脂は自在に成形することができる上に、瞬時に硬化、そして結構、硬そうだ。コーティングに使えなかったとしても、持っていたら面白そう。

東シェフに紹介されてすぐさま購入したが、普通に翅にくっつけるだけでは接着効果があまりなく、いい使い方が思いつかないまま、ボンディックはお蔵入りしていた。

しかし、何もしない6日間ですっかり心機一転したのち、このときに購入していたボンディックを使って、画期的、かつ頑丈にコーティングできる方法を思いついたのである。生き残っていた最後の新成虫を使い、その方法でようやっと2組のコーティングペアを作成した。9月初めのことである。

その2ペアはちゃんと交尾も行い、その後、飼育容器に移してからもコーティングをそのまま付けてくれていた。そしてあれよあれよという間に、彼らはコーティング維持最長記録を更新した。

その後、1ペアは子が生まれる前にコーティングが取れてしまった。しかし、最後の1ペアは子が生まれてからもコーティングが取れず、ついに子の給餌期間が終了するまでコーティングを維持することができたのである！

博士2年の最後に作成したペアで、コーティング実験成功への糸口をぎりぎりで摑んだ。翌年。博士3年、博士課程の最終年度。私は満を持して唯一の成功例である前年の最後の1ペアと同じコーティング方法を複数のペアに施した。結果、彼らは見事、コーティングされたまま子育てまで見せてくれた。感動である。もちろん、中にはうまくいかなかったペアもあったが、比較するために最低限必要なペア数を取ることに成功した。

さて、結果が気になる。翅の食い合いは配偶時に行う行動である。そのため、生態学で注目される生存と繁殖の中でも、特に繁殖に関係ある指標――交尾から子が生まれるまでの期間（妊娠期間）や子の数（クラッチサイズ）など――に影響があるのだろうと考え、それらを測定した。

しかし、このコーティング実験は私の期待を最後まで裏切った。妊娠期間もクラッチサイズも、その他測定した指標すべて、翅の食い合いをしたペアでもしなかったペアでも差がなかったのである。

ということは、だ。翅の食い合いは繁殖ではなく、生存に何か影響しているのではないか。もしくは、コーティングした翅は齧られた翅と同等の機能を持っていて、翅がむき出しで体に付いている場合のみ、何か不利なことがあるのではないか、と考えていくことになる。

一つ考えられるのは、翅にカビやダニなど何か有害なものが付く、という場合だ。コーティング翅にも齧られた翅にも付きにくいが、翅がまるごとむき出しで付いていたら容易にそれらの温床になりそうだ。

シロアリ、アリをはじめとした社会性昆虫では「社会性免疫」と呼ばれる、コロニーの衛生管理に関わる行動がいくつか知られている（Cremer et al. 2007）。例えば、巣の中で死んだ個体がいたらそのままにしておくと腐ったりカビが生えたりして卵や幼虫、女王アリをはじめすべての個体にとって悪影響であるし、病原性の菌、細菌、ウイルスなどが原因で死んだのだとしたらそれが蔓延しないようにしなくてはならない。そのため、死体を巣の外に運び出したり、埋めたりする行動が報告されている。

真社会性昆虫での研究がほとんどなのだが、同じように朽木の中の閉鎖的な空間にコロニーを作る昆虫すべてに当てはまると考えられる。シロアリに最も近いゴキブリである、キゴキブリというゴキブリは翅がもともとないが、クチキゴキブリと似たような生態を持ち、朽木にコロニーを作る。キゴキブリでも社会性免疫は少し知られているので、クチキゴキブリで観察されても不思議ではない。

この場合、クチキゴキブリ目線で見ると、配偶相手には翅をそのままむき出しで付け続けてほしくないし、自身も翅を持っていたら危険である。これは相手の翅を食べ、自身も翅をおとなしく食べられる、という翅の食い合いの構図と矛盾しないのである。そうすると、翅の食い合いは将来設計まで考えられた壮大なお掃除なのかもしれない。私よりも家の掃除が入念な可能性すらある。ゴキブリに負けないように頑張らねば。

第10章

研究者という生き物

研究者はどうやって生きているのか

研究職はどういうことをしてお金をもらっているのか、不思議な職業の一つかもしれない。どのようにして「研究者」になるのか、日々どのように生きているのかについても、知る機会はほぼないと思う。

おそらくそれは、研究者のキャリアの多様さに一因がある。

研究職に就くルートとして、最もストレートなルートは、大学から大学院に進み、博士課程を卒業して博士号を取得した後、数年のポスドク期間を経て論文をたくさん書いて業績を積む。大学の教員公募に応募し、まずは助教、運がよければ講師に採用されるというものである。

近年は、そのまま永年雇用されるのではなく、5年や7年といった任期がある場合が多い。任期途中で雇用審査が行われるので、これをクリアすれば准教授や教授に昇格したり、あるいは昇格はしないが永年雇用（つまり定年まで）の資格を得るなどして、多くは65歳で退職を迎える（国公立の場合）。このように途中で審査があって永年雇用に切り替わる制度をテニュアトラックという。聞いたことがある人もいるのではないだろうか。

同じ研究職でも、所属する研究機関が大学か、研究所か、はたまた民間企業かによっても大きく異なる。研究所は国立や私立の機関で、研究所や研究室ごとにだいたいテーマが決まっていて、そのテーマについて研究する研究者が集まっている。

そのため、「自分が興味あるのはゴキブリなので、ゴキブリの研究をやります」と言って研究所とは関係のないテーマを持ち込んで給料をもらうことはできない。ただし、自身の取り組みたい研究と研究所のテーマが幸運にも噛み合っている場合もある。研究所は基本的に教育機関ではないので、授業を教えることはない。その分、研究や機器の整備、依頼解析（研究所の外部から研究所の機器を用いた解析を依頼されて行うこと）などに勤務時間を割くことになる。

一方、大学の研究職は、大学教員として学生の教育に携わりつつ、自らの研究を進めていくスタイルになる。特に生物学は大学や研究室から研究テーマを指定されることはない。

九大の大学院生時代に、隣の研究室だった数理生物学研究室の教授の佐竹暁子さんに「自由なテーマで研究をしたいなら大学が一番だよ」と言われたことがある。佐竹さんとは、「指導教員‐学生」ではない気楽な関係を築かせてもらっていた。毎回たくさんポジティブな言葉をくださる先生で、私は佐竹さんの言葉が聞きたくて学振の申請書の添削や、こういうちょっとした相談などを頼んで聞いてもらっていたのである。また、学振ＰＤの採用が決まったときには「お祝いに行きましょう！」と言って焼肉に連れて行ってくださった。バリバリ研究されてきた経歴の持ち主のお話を独り占めできる機会があって幸運だったなと思う。

ただ大学が一番いい、とは言ったものの、粕谷さんが毎週の会議から帰ってくるたびに「へろへろですよ」と言っていたのを思い出す。前述したとおり大学は教育機関でもあるので、今の大学教員の方々は、学生の指導や講義、大学の運営会議などに多くの時間を割かれているのが現実だ。学位を取り、総合格闘技である研究をこなして教員になった彼らは日本の頭脳とも呼べるような人たちなのに、研究に集中できる環境が備わっていないのは問題だよなあと思う。

さらに研究費も獲ってこなければならない。研究職の人は、所属する研究機関から給料をもらうことで生活費をまかない、研究機関から出される少しばかりの交付金と自身で獲得してくる競争的研究費などで研究費を得て研究している。競争的研究費とは、学振や科研費、その他様々な組織からの助成金を指す。これらに応募して、採用されれば研究資金が得られるのである。

こうした助成は3年、5年などの期間が決まっていて、○年目には100万円などというように1年ごとに研究費の予算がつく。申請には、研究の意義や計画を書いた申請書や、それまでの論文や著作物をまとめた業績リストを提出するため、研究を続けるためには、今獲得している資金で業績を出し、アイデアを得て、次の資金獲得につなげる、というサイクルを永遠に廻すことになる。

研究職は知的労働と言われるものの、決して優雅な生活ではない。特にパーマネントの職を得るまでは、業績が少なければ次はないと思ったほうがいい。論文5本と論文10本の応募者がいた場合、普通は10本の応募者が採用されることが多いと聞く。5本の応募者の論文のほうが少しレベルの高いジャーナルに出ていたとしてもだ。仮に5本の応募者を採用するためには、採用担当者がそれなりの理由を用意しないといけない。

まずは論文の数。その次に質なのである。したがって、脇目もふらずに論文を書くことが「生き延びる」ために必須である。

よく言われるように、そもそも日本は研究への予算が少なく、選択と集中で基礎研究にお金をなかなか配分してくれない。遊びから生まれる発見には構っている余裕がないといった風体である。まあ、睨(にら)みつけているだけでは何も変わらないので、とりあえずまだ大学の運営などに責任のない今は自分が楽しく生きる術を模索するだけだとスッキリ考えることにしている。

これから研究者として生きていく我々の世代は、今の時点で教員になっている年上の研究者たちが歩んできた道とは異なる道をたどることになるだろう。私は日本国内だけではなく海外にも拠点を持ち、自身と研究にとってよりよい環境を自由に選べるようになりたい。

後述するが、近年、普及してきたＡＩベースのツールは瞬く間に進歩するはずなので、そういったものを駆使し、思考を巡らすという本質的な作業にだけ没頭できる環境に身を置きたいという願望もある。指導教員が若手の頃と比べると、時代は大きく変わった。日本と海外の関係も、技術の進歩も。

京大の松浦さんに言われたことがある。

「みんなが大崎さんを見てるよ。どんなふうに進んでいくのか。下の世代は特に見てると思うよ」

そんな、私は私の人生を生きているだけなのになぁ、とは言ったものの、いつの時代も下が上を参考にするのは当然でもある。私だって少し上の世代を凝視して学生時代を過ごしたし、今だってコッソリ見ている。先輩たちの背中を見つつ、自分に合った方法を取り入れて、そのときどきで最善の一手を打ち続ける所存である。

博士課程の価値

「博士課程」と言うと、一般的に返ってくる反応といえば、

「就職しないで学生して遊ぶの？」

「お勉強好きねぇ」

「行って何するの？」

「そもそも博士課程って何？」

さんざんである。

読者の中にこれから博士課程に行こうとしている人がいれば、どこかで「博士課程に行くと就職できない」とか「婚期が遅れる」とかネガティブな意見ばっかり聞いていると思う。巷(ちまた)にはそんな博士課程に風当たりの強い評価が溢れている。

しかし私はそうは思わない。

博士課程について謎が多いと思っている読者のために説明しておきたい。

博士課程において、「学生＝遊んでいる」という概念は通用しない。博士課程は研究、つまり思考と実践と修正に絶え間なく取り組む期間である。大学院生（生物学系の場合）がやら

なければならないことをざっと挙げると、

・論文の執筆（もちろん英語）
・最新研究のチェック（つまり英文論文を毎日読む）
・実験やシミュレーションの設計、準備、そして実行
・得られたデータの解析（プログラミング）
・データの解釈や結果のインパクトの検討（これまでの研究とどう違い、どこが面白いか）
・ゼミの資料作成とそのための文献検索やミーティング
・研究材料の日々のお世話（大崎のクチキゴキブリのように飼育する生物がいる場合）

となる。つまり、職業として研究している研究者と何ら変わらない、研究に身を捧げる毎日を送っている。大学での研究の実務を一番担っているのは実は学生だ。それなのに「博士課程なんて何してるか分からない。学生期間を延長して遊びたいだけでしょ？」なんて思われていたら悲しいことこの上ない。

それに、博士課程は受け身で「勉強」しに行くところではない。「研究」しに行く場所だ。「勉強」が既にある知識を習得することだとすると、「研究」は知識を創造する行為で

ある。

私は博士課程の経験者の一人として、

「博士課程に行って本当によかった」

と思っている。これは、研究者にならなかったとしても変わらないだろう。

研究する中で勃発する問題やトラブルは、徹頭徹尾、自分事である。論理的に考え、解決策を導き出し、実践し、問題を解決することを否応なしに経験させられる。論理的思考力や問題解決能力が徹底的に鍛えられるのだ。これまでの章を読んでいただければ、何度もそんな状況に立たされては突破し、の繰り返しだったことがお分かりいただけるだろう。

博士課程とは将来、自立した研究者になるための課程であるといえる。博士号を取得することで「この人は、研究ができる――つまり、論理的思考力も問題解決能力も企画立案能力もあります」という国際的なライセンスが得られる。

海外では、研究職に就いていなくともDr.（ドクター）の肩書きを持っていると一目置かれるのはそのためだ。今日（こんにち）の日本では、海外のように博士に対する尊敬がなく、非常に残念なことである。博士号を持っていても就職時にほとんど優遇されず、ただ年齢だけが上になることでかえって採用されにくいという悲しい話も聞く。

ムッツリと研究ばかりしているコミュ障集団が、博士卒の典型と思われているのだろうか。しかし、第7章でも言及したように、研究はコミュ障の逃げ場ではない。研究する中で培った多くの能力を彼らは身に付けているはずだ。

自身の研究アイデアを向こう数年にまたがるプロジェクトとして立案し、申請書で明瞭に説明しなければ研究資金は獲得できないし、実験で行き詰まれば打開策を考え実行する必要がある。また、論文を書くには他の研究者が納得するよう論理的に考え、表現する力が必要になる。これらの総力戦が研究だ。

博士課程は研究者の育成を目的とした課程だが、研究しかできない人間ができあがるわけではないということがお分かりいただけると思う。そんな能力がある人たちがなぜ歓迎されないのか、私には謎である。何よりも彼らは話していて楽しいし、変だし、面白い。素敵ではないか。

さらに個人的な経験から言うと、博士課程を含む大学院の5年間は、自身と対峙できた、何物にも代えがたい時間だった。一般的に、義務教育である小学校・中学校を含めて高校・大学卒業までは、出席日数や単位取得といった「これさえしておけばいい」という枠組みが設定されている。その義務さえ最低限果たしていれば、周囲から責められることもない。

今の時代、多くの人が大学卒業までは同じようなレールを進む。しかし、大学を卒業してからはそうではない。法学部の友人は卒業後、一般企業に就職していった。看護学科の友人は卒業してすぐに大学病院で働き始めた。私は、自分で選択して大学院に進んだ。修士1年になったとき、私は、

「自分の人生が始まったんだ」

と思った。これからは、どのように生きるかを自分で決めていくのだと。

人生において選択をするとき、最も大切にすべきは自身の価値観であると思う。しかし、がむしゃらに研究者の道を目指してやってきた私は、子どものときに抱いていた「虫の行動が好き」というレベルから、自身の理解が止まってしまっていた。

私は何を大事にして生きていきたいか、何を大切にして研究していくのか。これからの自分の人生と研究のために、5年の時間をかけてあらゆることを自身と対峙して考える必要があった。今でも考えている。その「考えるべきことを考える時間」を大学院時代が与えてくれた。私にとって大学院の修士課程2年間＋博士課程3年間の5年間は、人生において絶対に必要な時間だった。

こんな話がある。

研究者は厳しい道だ。だから、自身の興味を犠牲にして、予算のつきやすい研究をすることもある。そのうち大学などに職を得て、やがて教授に上りつめた。上昇気流に乗ったトビのように。周囲の人たちは「すごいね」と称賛と羨望の眼差しで遠巻きに見上げる。しかし、空高く飛ぶその鳥は、もう生きていない。心が死んでいる。

これを「死んだ鳥現象」と呼ぶらしい。どこで聞いたのかもう覚えていないが、知的好奇心を無下にした研究者の末路である。

好奇心主義

研究者の本質とはなんだろうか。研究者の仕事はずばり、研究だ。「研究」と一言で言うが、その中には様々な作業が含まれる。英文論文を読み、野外調査を行い、ゴキブリを飼育し、実験道具を自作し、ビデオカメラや電子機器を駆使して実験を行い、動画解析ソフトを使いこなし、統計解析を勉強してプログラミングを行い、統計解析ソフトでデータ解析し、データを分かりやすいグラフにし、発表資料のスライドやポスターを作り、論文にするために論理構成を考え、英文原稿を作成して投稿し、人前で学会発表する。体力、コミュ力、論理的思考力……身に付けたいスキルや能力はまだまだたくさんある。研究者はマルチな能力を求められる。そう、研究とは総合格闘技なのだ。

私は研究が大好きだ。楽しいし、研究している自分が好きだし、自分の研究が世界で一番面白いと本気で思っている。しかし、だからといって研究にまつわるすべての作業が好きなわけではない。英語は得意じゃないし、統計解析の勉強でも泡を吹いている。これまでの泡を全部集めたらモリアオガエルの卵嚢くらい余裕で作れるに違いない。分かりやすいグラフを作るのも苦手だ。

好きなことといえば、やんばるでのゴキブリ採集と、ゴキブリの飼育・観察。そして、なんといっても「考えること」だろう。毎日新しい論文を読んで、「これが、もしゴキブリにも当てはまったら？」と考えたり、ゴキブリの知識を得たときに「では、クチキゴキブリでは……？」と思いを巡らせる。ゴキブリに全く無関係な生き物であっても、「なんでそんなことするんだろ……」とついつい考え始めて止まらなくなる。

考えること。私はこれが研究者の本質だと思う。私はこれまで学会で多くの研究者に会ってきたが、中でも特に心に残っているのが香川大学の安井行雄准教授の言葉である。安井さんは動物行動の理論の専門家で、ここでいう理論というのは、例えば第9章で登場したベイトマン勾配のような、オスにとって最適な交尾回数とメスにとって最適な交尾回数がどのように進化するか、そしてどうしてメスは何度も交尾するのかといったことを、コスト（負担）とベネフィット（利益）の観点から論理的に導き出して計算するというものである。そして、その理論が実際の生物でも再現できるかという実証まで行っておられるのが安井さんのすごいところだ。

交尾回数というのは生物における永遠のテーマの一つであり、非常にアツい。安井さんが2018年に行動学会の学会賞を受賞された際のお祝い会で初めてお話しさせてもらったとき、私は自身の研究を説明し、様々なコメントをもらったことを一生懸命話した。それを聞いて安井さんは静かに、

「大事なのは考えること。自分の頭で考えること」

ゆっくりと、そうおっしゃった。

当時から考える大切さは頭では分かっていたが、実行できていたかと言われると疑わしい。あれから数年経ち、ようやく実践と実感を伴ってこの言葉を言えるようになった気がしている。

研究という総合格闘技の全種目に生身の人間が出場しなくてはいけない訳ではない。一

部はＡＩに任せられることが増えていくだろう。例えば、研究に関連する論文を多角的に検索するとか、日本語で書いた論文をうまく伝わる英語にする、とか。次々とオープンＡＩの便利なツールが生み出されていて、言語の問題はほぼ解決したと言ってもいい。

裏を返せば、研究の作業すべてを研究者自身が行う必要はない。ＡＩを使うこともあるし、解析も実験も、極論を言えば人に頼んだり外注したりすることもできる（実際は自分で条件や実物を見ないと考察できないので、最初から全部他力本願ではいけない）。

でも、研究のコアな部分、すなわち考えることだけは、研究者本人でないとできない。学術的意義を付加するには、その分野の膨大な知識だけでなく、「こういうことが言えたら面白いぞ！」「これは変だぞ！」という感覚が必要だ。知的好奇心である。

「死んだ鳥の話」を聞いたとき、好奇心に従うことこそが、長期的に見れば自身を救うのだなと感じた。私の知る大学教員の中に、死んだ鳥はいない。それは、彼らが逆境にあっても好奇心を捨てずに持ち続け、自身の興味を貫いてきたからである。私もそうありたい。

知的好奇心こそ、研究者として最も大切なものだ。

私が愛読している森見登美彦著の『有頂天家族』でも、主人公である下鴨神社の糺（ただす）の森に住む毛玉もこう言っている。

「面白きことは良きことなり！」

おわりに

この原稿を書いている私は、現在、アメリカのノースカロライナ州の自宅にいる。学振PDに採用されて京大に行ったあと、採用者の中から再度選考される学振CPDに応募し、ノースカロライナ州立大学で3年間研究する機会を得たためである。

初めての海外での研究生活は刺激と学びの連続で、毎日が目まぐるしい。国際学会や昆虫採集で海外には何度か行ったことがあるが、旅行と生活するのとではわけが違う。しかし、私は今の環境が非常に気に入っている。思索に集中できる居室、協力的な周囲の教員たち、森に面したアパートメント。ここに来ることができて幸運だなあと思う毎日である。

出発前、京大の受け入れ教員である松浦さんから

「海外で研究が進むと思っちゃいかん。海外には友達を作りに行くんや」

という言葉をもらった。「アメリカに行ったらバリバリ研究するぜ」と思っていた大崎は、拍子抜けしてしまった。松浦さんなら「よし、研究を頑張ってこい」みたいな言葉を掛けてくるかと勝手に想像していたからだ。曰く、

「海外に行って、日本にいたときよりも生産性が下がるのは当たり前。慣れない環境なの

だから。でも、若いときに海外に行くというのは、欧米の研究者コミュニティーに入れるという点で意味がある。だから、海外には研究しに行くと思っちゃいけない、友達を作りに行くんや」

海外に行ったら第一優先は研究ではなく友達作りやぞ、というわけである。海外に行って黙々と机に向かって論文を書いて、周囲の研究者とほとんど交流なく帰ってくる、という研究者の話はザラに聞く。確かに英語で論文を書くときに、周囲に英語が溢れている環境は協力を仰ぎやすいし、論文生産が死活問題の我々研究者にとって、そうなってしまう理由はよく分かる。

しかし、それは長期的に見て、もったいない。現地で仲よくなった研究者同士、たとえ帰国して互いに離れても、それぞれにアカデミアで活躍する中で、彼らから刺激を受けたり、直接、学会に呼んだり呼ばれたりするなど、ここで得たネットワークが研究交流になって、後々、いい影響をもたらすのだという。

＊

つい先日、キゴキブリの採集のため、バージニア州に行ってきた。かの有名なアパラチア山脈に足を踏み入れることになったのである。キゴキブリは、クチキゴキブリと同様に朽木の中に棲み、両親で子を保護するが、翅が完全に退化しているので翅の食い合いはしない。さらに、彼らはシロアリと近縁であり、ゴキブリ目の系統樹の中ではクチキゴキブリとはむしろ遠縁である。なのに、こんなに生態が似ているのは面白い。

また、生態がほぼ未解明なクチキゴキブリに比べて、先行研究が格段に豊富だ。そのキゴキブリ研究を牽引（けんいん）してきた第一人者と言えるChristine Nalepa博士が、退職後もノースカロライナ州立大学に出入りしているので、現在は彼女に相談しながら研究を進めている。夢のようである。

採集場所はバージニア大学の演習林のようなところで、歴史が古く、管理棟も宿泊ロッジも味がある。10月になるとアパラチア山脈はすでに晩秋で、日中でも気温は5℃くらい。非常に寒いと思って室内を見渡すと、現役の暖炉があった。でも、ちゃんとWi-Fiもある。そうか、ここが第二の天国か。今回の採集は単独ではなく、アメリカの受け入れ教員のAram Mikaelyan博士とパートナーのNiyati Vachharajani博士（彼女は別の大学でポスドクをしている）がご夫婦で同行してくれた上に、車も出してくれた。

初めて自分の手で採集したキゴキブリは、つやつやと輝いていた。クチキゴキブリよりも一回り体サイズが小さく、足の棘も短い。棘で水ぶくれができるゴキブリアレルギーでも、彼らとならうまくやっていけるかもしれない。そう思った矢先、雌雄を見分けようと思って体を摑んだところ、カブトムシの腹部のような独特の臭いが鼻を突いた。エサキクチキゴキブリは、非常に爽やかなヒノキやその他針葉樹のミックスのような香りがするのだが、キゴキブリはずっと嗅いでいると頭が痛くなりそうである。しかし、彼らには実験に参加してもらわねばならないのだ……。共存の道を模索していきたい。

松浦さんは海外では研究が進まなくても仕方がない、というような言い方をしてくれたが、Aramは「コミュニティ形成も生産性も、どちらもやっちゃおうぜ」スタイルなので、早速一緒に論文を書いている。そして、毎週金曜日の夕方には仕事を早めに切り上げて、キャンパス近くのバー「Red Line」に一緒行く。金曜の「Red Line」には研究室はもちろん、デパートメント（学部）を超えて様々な教員やポスドクが集まり、ビール片手におしゃべりを楽しむのである。お陰で、ノースカロライナ州立大学内の様々な研究者と知り合いになることができた。

最初は学会と同じくらい気負ってしまっていて、「話すからには共同研究とかを持ちかけて……」などと思っていたのだが、そんなすぐに共同研究ができるわけではないし、ポンポンと共同研究を始めていては数が増えてしまって身が持たなくなる。何度か参加するうちに、ただこの「Red Line」メンバーの常連になって、彼らにとって「内側の」人間になればそれでいいのだなと思うようになった。つまり、そう、友達である。

＊

本書の原稿を書き始めたのは2021年、博士課程3年の秋だったので、それからすでに2年が経ってしまった。そのことに驚きを禁じ得ない。この原稿を書いている間に研究は進み、考え方も変化し、「学生時代や、原稿を書き始めたときはこんなことを考えていたんだなぁ」などと、少し懐かしいような感覚で最終校閲を終えた。

卒業から現在までの約1年半の変化は、大学院5年間の変化よりも大きかったように思う。その要因の一つは「自分の興味」という研究活動の根本を改めて見つめ直したからだろう。学振PDとして京大でポスドクをスタートする前から、松浦さんに「大崎さんの興味は何なの？」と度々問われていた。

初めて問われたのは、学位審査のための公聴会である。この公聴会の質疑応答で、私は松浦さんから「大崎さんの一番の興味は何なの？」と聞かれたのだった。

本書を読んでいただいた通り、当然、クチキゴキブリと翅の食い合いについてだろうとなりそうなところ、しかし松浦さんの問いは、さらに根本の問題を突き付けてきたのだった。つまり、

「翅の食い合いを入り口にして、お前が解明したい生物学上の問題は何なんだ？」

ということだ。

私は翅の食い合いを純粋に楽しんでいた。でも、これだけではいけない、というのもわ

かっていた。なので、公聴会プレゼンのスライドの最後に一応、研究のインパクトとして考えられることも書いていた。しかし、担当教員の粕谷さんからも

「構えが小さい」

と言われる始末。博士課程最後のプレゼンにおいて、私はまだまだ自分の視座が低いことを痛感したのである。公聴会が終わった後もこのときのレコーディングを聞き直し、松浦さんの質問について何度も自分で考えた。今後も研究を続けていくには、

「自身の研究を翅の食い合いから広げる必要がある」

そう思った。

教員には見えているのに自分には見えていない、この視座の違いの原因は、広くて深い知識量であろう。これまでよりもインプットの比率を高めようと思った。自身が興味を持つものの条件はなんとなくわかっている。翅の食い合いを筆頭に、雌雄の行動や社会行動にも興味があるし、食い合いを互いにやるという複雑さにも惹かれる。そういう指針で様々な本を読み漁った。このとき、松浦さんが貸してくださった『坂上昭一の昆虫比較社会学』(山根爽一・松村雄・生方秀紀共編、海游舎)は自身と重なる部分があり、得たものが多かったように思う。

その後も、実験しながらずっと「面白いってなんだろう」と改めて自分に問いかけ続け

た。「何事も、自分の頭で考えること」という香川大学の安井さんの言葉がよみがえる。私はいつも、しばらく考えていろいろ溜まってきたところで、松浦さんの居室にぶちまけに行った。ここでは、私の興味についてはもちろん、互いに関心のある哲学のことや、「学会でこんな話を聞いたがどう思うか？」というような話までいろいろさせてもらった。この時間は、学生を指導している日常とはまた違う、松浦さんの別の顔を見られたようにも思う。どんなふうに考えて行動しているか、どういう姿勢で研究に向き合っているか、という一面を垣間見ることができたと思っている。

問われ続け、考え続けて、自身の興味への理解をどんどん洗練させていく中で「行動生態学やティンバーゲンの4つのなぜ（メカニズム、発生、機能、系統）が与えてくれる答えで、行動のすべてが説明できるか？　いや、もっと他のアプローチもあるはずだ」とも考えるようになった。行動生態学の外に出て、自身の研究や学問を俯瞰することができるようになってきたのかもしれない。このときから、自分の中で視座が一段階、上がった気がしている。

＊

本書は、大崎が書いた初の書籍であり、執筆には予想より大きな労力が必要だった。初めは6年分の膨大な内容を前に、何から書いたらいいのか、どう書いたら余すことなく書ききれるのかわからず、学振DC1の研究費で購入したMacBookProの前でまったく手が動かなかった。しかし、自身の考えていることをまとまった時間を使って言葉にするという作業は、一種の精神統一や瞑想のような一面も有していて、自身の研究に対する考え、研究者としての生き方を整理するよい機会になった。学振の申請書を書いたときの苦労話など、詳しく書きそびれた内容もあるが、これについては著者のＹｏｕＴｕｂｅやブログを見ていただければ、多少なりとも参考にしていただけると思う。

執筆の労力のもう一つの要因は、本書の挿絵である。普通はイラストレーターさんに描いていただくところを、大崎の点描画を素晴らしいと言っていただき、異例の起用となった。著者としても、自身の絵を多くの人に見ていただくよい機会になると思い承諾したが、点描画・イラスト合わせて描き下ろし12点の制作は半端ではなかった。私の点描画は、点々の量によって1点仕上げるのに下書きから完成まで、最低でも6〜12時間ほどかかる。長いときには、24時間くらいかかる（「クチキゴキブリの翅の食い合い」のイラストを描いたときはそのくらいかかった）。

点を打つ作業で姿勢が凝り固まるのが悪いのか、点描画を1点書くごとに肩が痛くなるので、1〜2日空けながら作業する他なかった。それでも、趣味で書いている点描画はこれまでも評判がよく、自分でも描き溜めたらどこかに出そうかな、とか妄想していたので、今回は作品を描き溜めるよい機会にもなった。

そして、イラストの制作においては、本書のデザインを担当してくださった寄藤文平さんが直々に、大崎のイラストをどう改善したらよりよいものになるか丁寧に教えてくださり、本職の方の技術を学ぶ貴重な機会となった。寄藤さんには、この場を借りてお礼を申し上げたい。

＊

本書では、自身の研究もさることながら、博士課程や研究者について、おそらく一般にはあまりよく知られていないだろうと思われる内容を具体例も入れつつわかりやすく説明しようと心を砕いた。博士課程や博士号取得者について、日本で少しでも理解が広がる一助となればと切に願う。彼らは研究という総合格闘技に挑まんとしている、もしくはすでに生き抜いた精鋭なのだ。

そして、本書には何人もの研究者が登場することから、研究が一人ではできないということもイメージしていただけるのではないだろうか。研究＝コミュ障の逃げ場という消極的な見方ではなく、コミュニケーションをベースにした協力があってこそ研究が成り立っていることも併せてお伝えできていれば幸いである。

＊

最後に、執筆にあたって、元指導教員である粕谷英一博士には膨大な量の校閲を引き受けていただき、感謝の念に堪えない。粕谷さんがいなければ、この本はどうなっていたことだろう。また、それぞれの登場エピソードを校閲していただいた矢原徹一博士、佐竹暁子博士、学生時代の同期の久我立博士（バッタ好き）、東悠斗博士（生態研のシェフ）にも重ねて御礼申し上げたい。残念ながら登場人物全員に校閲をお願いすることができなかったが、絶対に悪く思われるようなことは書いていないので許していただけると信じている。

2年前に設定された締切りをことごとく守れず、なかなか執筆が進まなかったり、それによって出版が大変遅れてしまったりと、編集者の綿ゆりさんには多大なご迷惑をおかけしてしまった。しかし、いつも快く対応していただき、また励ましていただき大変感謝している。本書のタイトルの考案も綿さんで、プロはやはり違うと舌を巻いた。タイトル提案のメールを見た瞬間に「これだ！」と確信した。一発でたいそう気に入ったのを覚えている。

このタイトルに恥じぬよう、今後もわが道を相棒のゴキとともに歩んでゆく所存である。

２０２３年10月31日　ノースカロライナ州の片隅にて

大崎遥花

参考文献

P23, 59◆Osaki H, Kasuya E. 2021. Mutual wing-eating between female and male within mating pairs in wood-feeding cockroach. Ethology: formerly Zeitschrift für Tierpsychologie 127: 433–437.
大崎の翅の食い合い論文。本文中で出てきた点描画と翅の食い合い順序の図が登場する。

P26◆Inward D, Beccaloni G, Eggleton P. 2007. Death of an order: a comprehensive molecular phylogenetic study confirms that termites are eusocial cockroaches. *Biology letters* 3: 331–335.
シロアリがゴキブリ目に完全に包含されることを初めて示した論文。当時は衝撃的だったに違いない。

P26◆『ゴキブリハンドブック』(柳澤静磨 著、文一総合出版、２０２２)
最近発刊された美麗図鑑。著者の柳澤さんがこだわって撮影した生体の美麗な白バック写真が並ぶ。
日本のゴキブリを知るならまずはこれ。

P29◆『ゴキブリ 生態・行動・進化』
(Bell WJ・Roth LM・Nalepa CA 著、松本忠夫・前川清人 訳、東京大学出版会、２０２２)
ゴキブリについて体系的にまとめた教科書。原著は２００７年出版だが、２０２２年に邦訳が出版され、松本さん(まっちゃん)と前川さん(嶋田さんの師匠)がたくさんの脚注を追加してくれているため、現在世界で最もゴキブリの知識が詰め込まれた一冊である。

P34◆Evangelista DA, Wipfler B, Béthoux O, Donath A, Fujita M, Kohli MK, Legendre F, Liu S,

Machida R, Misof B, Peters RS, Podsiadlowski L, Rust J, Schuette K, Tollenaar W, Ware JL, Wappler T, Zhou X, Meusemann K, Simon S. 2019. An integrative phylogenomic approach illuminates the evolutionary history of cockroaches and termites (Blattodea). *Proceedings of the Royal Society B: Biological Sciences* 286: 20182076.
ゴキブリ目全体の最新の系統樹を発表した論文。

P36◆『The Evolution of Parental Care』(Clutton-Brock TH 著、Princeton University Press、1991)
親による子の保護の大御所であるClutton-Brock博士が書いた本。親による子の保護の定義から、どのような保護が存在するか、などが書かれている。

P38◆『デイビス・クレブス・ウェスト 行動生態学 原著第４版』
(Davies NB・Krebs JR・West SA 著、野間口眞太郎・山岸哲・巌佐庸 訳、共立出版、２０１５)
行動生態学の教科書。邦訳。例示が多く、行動生態学の知識をざっと俯瞰したいならこれがおすすめ。

P38◆『The Other Insect Societies』(Costa JT 著、Harvard University Press、2006)
これ以前にかの有名なWilson EO博士が書かれた『The Insect Societies』という、アリ、シロアリ、ハチの真社会性昆虫を扱った教科書のタイトルを受け、真社会性昆虫以外(the other)と真社会性エビについてまとめた書籍。邦訳がないのが悔しい。

P40◆Andrade MCB. 1996. Sexual selection for male sacrifice in the Australian redback spider. *Science* 271: 70–72.
セアカゴケグモのオスが交接後、自身でメスの口器に飛び込む「自己犠牲」の報告。

P63◆Prenter J, MacNeil C, Elwood RW. 2006. Sexual cannibalism and mate choice. *Animal behaviour* 71: 481–490.
性的共食いについてのレビュー論文。

P65◆Lewis S, South A. 2012. The Evolution of Animal Nuptial Gifts. *Advances in the Study of Behavior* 44: 53-97
婚姻贈呈についてのレビュー論文。

P209◆Griffith SC, Owens IPF, Thuman KA. 2002. Extra pair paternity in birds: a review of interspecific variation and adaptive function. *Molecular ecology* 11: 2195–2212.
鳥類のつがい外婚のレビュー論文。

P212◆Bateman AJ. 1948. Intra-sexual selection in *Drosophila*. *Heredity* 2: 349–368.
ベイトマン勾配が発表された論文。

P213◆『交尾行動の新しい理解 理論と実証』（粕谷英一・工藤慎一 編、海游舎、２０１６）
粕谷さんと工藤さんが執筆・編集された教科書。少しとっつきにくいかもしれないが、配偶行動や配偶システムの進化を体系的に説明してくれる。

P218◆Shimada K, Maekawa K. 2011. Description of the basic features of parent-offspring stomodeal trophallaxis in the subsocial wood-feeding cockroach Salganea esakii (Dictyoptera, Blaberidae, Panesthiinae). *Entomological science* 14: 9–12.
エサキクチキゴキブリの給餌について報告している嶋田さんたちの論文。

P227◆Brown JS, Kotler BP. 2004. Hazardous duty pay and the foraging cost of predation. *Ecology letters* 7: 999–1014.
捕食者にとって、捕食という行動がどれほど危険かについて調べた研究をまとめたレビュー論文。

P241◆Cremer S, Armitage SAO, Schmid-Hempel P. 2007. Social Immunity. *Current Biology* 17: R693–R702.
社会性免疫についてまとめたレビュー論文。大崎はこれで社会性免疫の概要を知った。

著者略歴

大崎遥花

おおさき　はるか

1994年生まれ。
日本に現存する唯一のクチキゴキブリ研究者。
九州大学大学院生態科学研究室博士課程を修了後、京都大学を経て、
2023年よりノースカロライナ州立大学で研究を行う。
日本学術振興会特別研究員CPD。
狭い場所が好きなのにアメリカの家は広く、
最近落ち着かないらしい（研究者と研究対象は似るという）。
面白いといえばゴキブリ、でもカッコいいといえばカミキリ。
ゴキブリ採集の副産物の土壌動物も好物。
ペンで生物画を描くのが趣味。
クチキゴキブリ研究に生涯を捧げることに
なるのだろうなあと腹をくくっている。

ゴキブリ・マイウェイ

この生物に秘められし謎を追う

2023年12月20日 初版第1刷発行

著 者 大崎遥花
発行人 川崎深雪
発行所 株式会社山と溪谷社
〒101-0051
東京都千代田区神田神保町1丁目105番地
https://www.yamakei.co.jp/

ブックデザイン 寄藤文平＋垣内晴（文平銀座）
ＤＴＰ 宇田川由美子
校正 神保幸恵
編集 綿ゆり（山と溪谷社）

印刷・製本 株式会社シナノ

◆乱丁・落丁、及び内容に関するお問合せ先◆
山と溪谷社自動応答サービス TEL. 03-6744-1900 受付時間／11:00〜16:00（土日、祝日を除く）
メールもご利用ください。【乱丁・落丁】service@yamakei.co.jp 【内容】info@yamakei.co.jp
◆書店・取次様からのご注文先◆
山と溪谷社受注センター TEL. 048-458-3455 FAX. 048-421-0513
◆書店・取次様からのご注文以外のお問合せ先◆
eigyo@yamakei.co.jp

定価はカバーに表示してあります
 Printed in Japan ISBN978-4-635-06315-9